MADEIRAS BRASILEIRAS

Ipê-amarelo (*Tabebuia* sp.)
Av. Getúlio Vargas, em Belo Horizonte
Foto: Andréa Franco Pereira

Andréa Franco Pereira

MADEIRAS BRASILEIRAS
Guia de combinação e substituição
2ª edição

Madeiras brasileiras: guia de combinação e substituição, 2ª edição
© 2020 Andréa Franco Pereira
Editora Edgard Blücher Ltda.
1ª edição – 2013

Ilustrações e diagramação do mostruário de fichas: Andréa Franco Pereira
Pictogramas: Andréa Franco Pereira, com colaboração das estagiárias Eveline Pezzini Lopes e Tatiana Rodrigues de Lima
Revisão técnica das fichas de madeira: Andréa Franco Pereira

Blucher

Rua Pedroso Alvarenga, 1245, 4º andar
04531-934 – São Paulo – SP – Brasil
Tel.: 55 11 3078-5366
contato@blucher.com.br
www.blucher.com.br

Segundo o Novo Acordo Ortográfico, conforme 5. ed. do *Vocabulário Ortográfico da Língua Portuguesa*, Academia Brasileira de Letras, março de 2009.

É proibida a reprodução total ou parcial por quaisquer meios sem autorização escrita da Editora.

Todos os direitos reservados pela Editora Edgard Blücher Ltda.

Dados Internacionais de Catalogação na Publicação (CIP)
Angélica Ilacqua CRB-8/7057

Pereira, Andréa Franco
  Madeiras brasileiras : guia de combinação e substituição / Andréa Franco Pereira. – 2. ed. – São Paulo : Blucher, 2020.
  140 p. il. color.

  Bibliografia
  ISBN 978-65-5506-061-4 (impresso)
  ISBN 978-65-5506-062-1 (eletrônico)

  1. Madeira – Brasil – anatomia 2. Madeira – exploração 3. Design 4. Árvores – Brasil – identificação. I. Título

20-0486   CDD 674.00981

Índices para catálogo sistemático:
1. Madeira – Brasil

Ipê-roxo (*Tabebuia* sp.)
Praça Tiradentes em Belo Horizonte
Foto: Andréa Franco Pereira

Aos meus pais.

Agradecimentos

A finalização deste trabalho não seria possível sem que deixasse registrado meu agradecimento aos pesquisadores Geraldo José Zenid (Instituto de Pesquisas Tecnológicas do Estado de São Paulo – IPT) e José Arlete Alves Camargos (Laboratório de Produtos Florestais – LPF – do Serviço Florestal Brasileiro – SFB), por seus preciosos ensinamentos, apoio e orientações (ainda durante meu doutoramento), solucionando minhas dúvidas e ajudando-me a decidir sobre a seleção das espécies contidas neste Guia e sobre seu sistema de ordenação por cores.

Agradeço igualmente ambas as instituições por permitir o uso das imagens apresentadas no livro. Nesse sentido, ao próprio José Arlete A. Camargos do LPF e à equipe do IPT, representada pelos senhores Sérgio Brazolin e Maria José de A. C. Miranda, que se dispuseram prontamente a me auxiliar nessa última etapa.

Meus agradecimentos aos professores Pierre-Henri Dejean e Gilles Le Cardinal da Université de Technologie de Compiègne (França) por todo apoio e pela ajuda na condução de minha tese de doutorado, que teve como resultado as ideias iniciais desta obra. Igualmente, agradeço ao Conselho Nacional de Desenvolvimento Científico e Tecnológico (CNPq) pelo recurso financeiro concedido para a condução da tese.

Meu reconhecimento à ajuda das estagiárias Eveline Pezzini Lopes, Renata de Souza Avelar e Tatiana Rodrigues de Lima que, entre 2002 e 2003, colaboraram na organização e *layout* das Fichas de Madeira e dos pictogramas de usos das madeiras.

Carinhosa gratidão a Devarlino Pereira da Cruz (*in memoriam*), meu pai, que pacientemente leu, sugeriu mudanças e revisou a primeira versão do texto.

Gostaria de agradecer também à Fundação de Amparo à Pesquisa do Estado de Minas Gerais (FAPEMIG) pelos recursos concedidos para a editoração da obra.

Por fim, meus agradecimentos ao Sr. Eduardo Blücher que, em fevereiro de 2012, aceitou prontamente a publicação da primeira edição deste livro, contribuindo com sugestões significativas, sobretudo, quanto ao formato de apresentação das fichas de madeiras, proporcionando praticidade ao seu manuseio.

Andréa Franco Pereira
Abril de 2020

Apresentação

Qualidade de vida... Uma ideia que tem sido o principal alvo da atenção de nossa sociedade nas últimas décadas.

Sob essa perspectiva, todos nós procuramos atingir níveis e padrões de desenvolvimento capazes de melhorar a qualidade de vida humana, tanto individual quanto coletivamente.

Entretanto, na busca desse objetivo, não poucas vezes nos deparamos com um dilema fundamental: conciliar melhor qualidade de vida, preservando o meio ambiente, e ao mesmo tempo, explorar os recursos naturais.

Necessário se faz resguardar os ecossistemas, os solos, os cursos d'água, as montanhas e as florestas; e diminuir a poluição e a produção de lixo, já que seus efeitos são essenciais à manutenção do equilíbrio da natureza e diretamente influenciam em nosso lazer, saúde e bem-estar. Necessário, ainda, desenvolver a atividade de exploração da natureza, da qual provém a obtenção de ganhos econômicos, a geração de renda e emprego, satisfazendo necessidades de sobrevivência humana, de prazer e de comunicação, por meio dos incontáveis objetos que intercedem em nossa relação com os outros e com o mundo.

Temos observado: as questões ambientais, que envolvem fatores ecológicos, econômicos, sociais e culturais, estão estreita e indissociavelmente ligadas ao projeto e à industrialização dos produtos de consumo. Projeto e produção não devem ser, e não são, algo à parte das mudanças operadas ou desejadas pela sociedade, pois essas mudanças (econômicas, políticas e ideológicas), hoje representadas pela ideia de **desenvolvimento sustentável**, alimentam as transformações da sociedade e levam a novos estilos de vida que vão repercutir diretamente sobre a forma e as funções dos objetos.

No trato dessas questões, designers, arquitetos, decoradores, projetistas, marceneiros e empresários de modo geral ocupam importante posição, pois são eles os responsáveis pela aquisição, transformação e uso das matérias-primas.

A busca por uma nova **sociedade sustentável**, com crescente produção e uso de objetos, passa sem dúvida pela consideração dos fatores humanos e pela melhoria da qualidade de vida. Valorizar o meio ambiente implica uma visão antropocêntrica, em que os elementos naturais são preservados em favor do ser humano. Da mesma forma, a produção requer análise da relação entre usuário e produto, levando em conta aspectos que tenham a ver com a melhoria dos objetos em seu uso e a satisfação mais eficaz das necessidades humanas, incluindo suas referências emocionais.

A qualidade funcional do produto, seja de uso ou de estima, deverá, pois, corresponder à satisfação humana em termos de qualidade de vida, individual ou coletiva, considerando o seu caráter ambiental.

De outro ponto de vista, se a preservação e o melhor uso dos recursos naturais vêm se revestindo de critérios morais, sua efetiva realização implica limitações, limitações essas comparáveis, por exemplo, a limites técnicos, como resistência dos materiais, e a outros de ordem econômica ou jurídica relacionados à produção industrial.

Ocorre que tais limitações podem assumir caráter de natureza filosófica e ideológica, impondo que o seu conhecimento se torne questão de ordem ética, acarretando tomadas de decisão baseadas no "princípio da precaução". Sob a óptica da precaução, as decisões de projeto, na ausência de certeza científica, devem ser tomadas de forma cautelosa, antecipando e prevendo possíveis danos futuros. Há, então, a necessidade de se buscar mais conhecimento, senão eliminando, pelo menos reduzindo erros.

Portanto, considerar as questões ambientais no design de produtos e de interiores, e também na arquitetura, requer um olhar macroscópico do produto e a compreensão da complexidade que o envolve. É conveniente conhecer os aspectos que dizem respeito ao desejo e ao prazer experimentados pelas pessoas em relação aos objetos, levando em conta, por exemplo, o seu apelo ambiental, o engajamento e a escolha ética dos usuários, e a relação preço/facilidade/dificuldade de uso. É necessário, pois, compreender a complexidade das relações que envolvem produtores, distribuidores, consumidores, governos, associações, organizações e mídia, aspectos organizacionais, de transferência de informações e de responsabilidades. Aí se encontram muitos dos obstáculos que dificultam a adequação dos resultados favoráveis ao meio ambiente, propostos em decisões de projeto.

Ignorar ditos fatores impede que a questão ambiental seja considerada de maneira efetiva em todas as fases do projeto, aí observado todo o ciclo de vida do produto. Todavia, também é verdade que muitas vezes esse desconhecimento decorre da impossibilidade de informações mais objetivas, informações essas dirigidas às necessidades de cada um dos segmentos da produção industrial.

Em face das questões ambientais, ampliar, fomentar e até mesmo facilitar a aquisição de conhecimentos são pontos importantes para favorecer uma postura mais efetiva por parte dos profissionais envolvidos.

A ideia do presente trabalho, que denomino **Madeiras Brasileiras: Guia de combinação e substituição**, surge dessa convicção. O objetivo maior é discutir as dificuldades observadas em relação à transferência de informações sobre as madeiras nativas e cultivadas no Brasil. Sob essa óptica, as informações serão tratadas com o fim de facilitar o uso da diversidade de espécies no mobiliário e em interiores, valorizando os aspectos sensoriais das inúmeras madeiras, seu valor comercial e sua divulgação. Além disso, o Guia busca atingir outro objetivo: valorizar e disseminar a importância do uso daquelas madeiras oriundas de plantio ou de exploração de florestas nativas, feito sob regime de manejo florestal sustentável.

A abordagem e a forma com a qual o Guia se apresenta resultou da pesquisa de tese de doutorado que defendi em junho de 2001 na Université de Technologie de Compiègne, França (realizada com bolsa do Conselho Nacional de Desenvolvimento Científico e Tecnológico – CNPq). As informações são baseadas na conclusão de que a imposição de regulamentações legais e a adoção de soluções pontuais, por si só, não são suficientes para resolver o problema do desmatamento generalizado das florestas, causado pela exploração da madeira. Há necessidade de uma maior e melhor transferência de informações sobre as propriedades e características das madeiras a fim de favorecer o uso mais amplo da diversidade de espécies, fator essencial para o manejo florestal sustentável.

Dentro dessa perspectiva, o Guia apresenta dados de 90 espécies, ordenadas em função de suas cores, um dos aspectos sensoriais mais importantes da madeira para uso em design. O livro é acompanhado de um mostruário que apresenta fichas com dados de cada uma das madeiras, e imagens em tamanho real das fases tangencial ou radial e em aumento de 10 vezes da fase transversal, permitindo que todas as espécies possam ser comparadas entre si. O objetivo é informar o uso mais abrangente das diversas espécies de madeira, seja em combinações de cores e texturas, seja na escolha de alternativas para substituições daquelas não abundantes.

Um texto introdutório traz informações básicas relativas à exploração, ao manejo e à certificação das madeiras. As informações apresentadas nas fichas do mostruário, da mesma forma que outros dados complementares, são detalhados como limitações de uso sob a perspectiva do ciclo de vida do produto.

Prefácio 1

Madeira é material único para o design. Em nossas florestas nativas e plantadas, encontramos tipos de madeira com cores muito variadas, desde o esbranquiçado até o enegrecido, passando, entre outros, pelo amarelado, o acastanhado, o avermelhado e o arroxeado. Toda essa gama de cores é acompanhada por variações nas próprias peças, dificilmente alcançadas por meios artificiais.

A deposição diferenciada de extrativos e as variações da sua constituição anatômica, associadas aos métodos de desdobro das toras, propiciam desenhos inigualáveis que adornam, por exemplo, jatos executivos de luxo e mobiliário de alto padrão.

A textura também é variada. Há madeiras com textura fina – excelente para produção de objetos torneados – como aquelas de textura mais grosseira, com desenho muito atraente.

Como não reconhecer os aspectos "amigáveis" da madeira? Ela é agradável ao tato e os ambientes em que é empregada transmitem uma sensação de conforto e de acolhimento, que não é alcançada, por exemplo, pelos pisos e revestimentos cerâmicos e plásticos que tentam imitá-la nas suas cores e desenhos.

Fácil de ser trabalhada e com baixa demanda energética no seu processamento, a madeira se sobressai pela sua característica de ser um material renovável, desde que produzida de acordo com sistemas florestais de manejo sustentado reconhecidos internacionalmente, já disponíveis e implantados em diversas florestas nativas e plantadas no Brasil.

Há regiões e países com restrições ao uso da madeira – caso dos países latino-americanos – associadas às questões culturais, às explorações predatórias e ao desconhecimento de suas características de variabilidade, higroscopicidade e de suscetibilidade à deterioração biológica e ao intemperismo, que podem levar ao seu mau desempenho.

Nesse contexto que esta obra, **Madeiras Brasileiras: Guia de combinação e substituição**, elaborada pela Profª. Drª. Andréa Franco Pereira, trará contribuição importantíssima ao melhor uso da madeira, por apresentar de forma clara, objetiva e ilustrada informações sobre características do material sob a ótica do ciclo de vida, valores de propriedades da madeira de 90 espécies e um excelente e inovador guia de cores que facilitará sobremaneira a escolha da madeira para um determinado uso final decorativo.

Geraldo José Zenid
Pesquisador do Instituto de Pesquisas Tecnológicas
do Estado de São Paulo (IPT)
Maio de 2013

Prefácio 2

Falar do uso da madeira como matéria-prima pode gerar uma grande polêmica entre consumidores e ambientalistas. Por um lado, os consumidores argumentam que se trata de uma matéria-prima sustentável e, até mesmo, insubstituível em algumas aplicações, e que se origina de uma atividade adequada a vocação econômica, social e ambiental das regiões eminentemente florestais. Do outro lado, os ambientalistas defendem que o seu uso provoca danos ambientais irreversíveis ao ser extraída da natureza e que essa matéria-prima deve ser usada somente quando for proveniente de florestas plantadas.

Contudo, apesar dessa polêmica, o uso da madeira como recurso natural foi, e sempre será, ao longo de muitos anos, um produto de grande relevância para a economia de muitos países.

Ressalta-se que as pesquisas científicas e aplicadas, a adoção de novas tecnologias e novos processos na área florestal, como o manejo florestal de baixo impacto, têm contribuído de uma forma decisiva para a maximização do uso da madeira, seja nativa ou de florestas plantadas.

Nesse contexto, este relevante trabalho realizado pela Dra. Andréa Franco Pereira, do Departamento de Tecnologia da Arquitetura e do Urbanismo da Universidade Federal de Minas Gerais, traz uma nova abordagem sobre o uso da madeira ao considerar a importância das suas características gerais como cor, textura e desenho, ampliando o leque de interesse no uso dessa matéria-prima.

O trabalho ora proposto, além de conter imagens e dados técnicos que ajudam na identificação de espécies florestais, apresenta ao mercado consumidor de madeiras e seus derivados uma alternativa do uso desse recurso natural nas suas mais diversas possibilidades, sugerindo combinações e comparações de espécies entre si.

Cabe aqui parabenizar a Dr?. Andréa Franco Pereira pelo seu valioso trabalho, que, sem dúvida, trará uma imensa contribuição para a sustentabilidade do setor florestal e para a agregação de valor aos produtos e subprodutos oriundos dessa tão desejada matéria-prima.

José Arlete Alves Camargos
Pesquisador do Laboratório de Produtos Florestais (LPF)
do Serviço Florestal Brasileiro (SFB)
Maio de 2013

Prefácio à 2ª Edição

A segunda edição do livro **Madeiras brasileiras: guia de combinação e substituição**, da Professora Doutora Andréa Franco Pereira chega em momento oportuno, engrossando o alerta para a crise, sem precedentes, que se abate sobre nós neste ano de 2020.

Trata-se de um guia, e creio ser importante examinar aqui o significado dessa palavra, oriunda do verbo latino *guidare*. Guiar é orientar, aconselhar, ensinar. No caso desta publicação, é um ensinamento sobre o uso da madeira num país que dispõe de uma das floras mais biodiversas do mundo, apresentando mais de 56 mil espécies. A flora arbórea brasileira é uma das mais diversificadas, portanto, conhecer esta riqueza e suas características é fundamental para sua conservação, para a restauração dos ambientes degradados, bem como para a sua adequada utilização.

Neste guia, o leitor pode encontrar facilmente descrições relativas à madeira, sua escolha adequada para diversos usos construtivos, na gama versátil de suas aplicações em diferentes setores da produção, como mobiliário, arquitetura, design de interiores, embalagem, brinquedos etc.

No design de mobiliário, por exemplo, observa-se que a madeira é um material tradicionalmente constitutivo de toda a história inspiradora do móvel brasileiro, desde os tempos coloniais até os dias atuais.

A autora é pesquisadora do Conselho Nacional de Desenvolvimento Científico e Tecnológico (CNPq), participou decisivamente da criação do Curso de Design da Universidade Federal de Minas Gerais (UFMG) e possui extensiva pesquisa científica e atuação educacional no campo da madeira.

Este guia é leitura obrigatória para estudantes, professores, pesquisadores e para todos aqueles que têm paixão pela madeira e estão preocupados em mitigar os riscos de sua devastação.

Maria Cecília Loschiavo dos Santos
Professora titular da Faculdade de Arquitetura e Urbanismo da Universidade de São Paulo (FAU-USP)
Setembro de 2020

Sumário

Lista de siglas	21
Lista de figuras, tabelas e quadros	23
1. Introdução	25
1.1 Exploração legal e sustentável	29
1.2 Certificação e design	31
2. Limites de uso e ciclo de vida	35
2.1 Limites de aquisição da madeira	36
2.1.1 Preço e volume disponível	36
2.1.2 Facilidade e riscos de secagem	52
2.2 Limites de produção e trabalhabilidade	54
2.2.1 Propriedades físicas e mecânicas	54
2.2.2 Durabilidade natural	59
2.2.3 Processos de fabricação	64
2.2.4 Estabilidade	65
2.3 Limites de mercado	66
2.3.1 Aceitabilidade da diversidade de espécies	66
2.3.2 Fatores econômicos globais	67
2.4 Limites de uso	70
2.4.1 Nomes comuns e nomes científicos	70
2.4.2 Elementos celulares	71
2.4.3 Características sensoriais	74
2.4.4 Usos mais comuns	77
2.4.5 Conforto de uso	80

2.4.6 Conforto térmico	80
2.4.7 Conforto acústico	80
2.4.8 Resistência ao fogo	80
2.5 Limites de fim de vida	82
2.5.1 Propriedades tóxicas e resíduos	82
2.5.2 Potencial de poluição	82
2.6 Limites legais	83
2.6.1 Obrigações legais	83
2.7 Limites normativos	87
2.7.1 Programas da sociedade civil organizada	87
Referências bibliográficas	**91**
Livro	91
Fichas de madeira	96
Apêndice 1: Nomes comuns e científicos: número das fichas no mostruário	**99**
Apêndice 2: Nomes e cores de madeiras	**113**
Apêndice 3: Tabela de propriedades mecânicas	**119**
Apêndice 4: Chave de identificação das madeiras	**133**

Lista de Siglas

ABNT – Associação Brasileira de Normas Técnicas

CCA-A – mistura hidrossolúvel de cobre, cromo e arsênico

CERFLOR – Programa Brasileiro de Certificação Florestal

FAO – Organização das Nações Unidas para a Agricultura e a Alimentação

FIEAC – Federação das Indústrias do Estado do Acre

FSC – Forest Stewardship Council

IBAMA – Instituto Brasileiro do Meio Ambiente e dos Recursos Naturais Renováveis

IBDF – Instituto Brasileiro de Desenvolvimento Florestal (atualmente integrado ao LPF/IBAMA)

IBGE – Instituto Brasileiro de Geografia e Estatística

IBOPE – Instituto Brasileiro de Opinião Pública e Estatística

IMAFLORA – Instituto de Manejo e Certificação Florestal e Agrícola

IMAZON – Instituto do Homem e do Meio Ambiente da Amazônia

INPA – Instituto Nacional de Pesquisas Amazônicas

IPT – Instituto de Pesquisas Tecnológicas do Estado de São Paulo

LPF – Laboratório de Produtos Florestais

ONG – Organização não governamental

PMFS – Plano de Manejo Florestal Sustentável

PNF – Programa Nacional de Florestas

SBF – Serviço Florestal Brasileiro

SENAI – Serviço Nacional de Aprendizagem Industrial

SIF – Sociedade de Investigações Florestais

UFV – Universidade Federal de Viçosa

UnB – Universidade de Brasília

WWF – World Wild Found

Lista de figuras, tabelas e quadros

Figura 1 – Camadas do tronco de uma árvore
Figura 2 – Modelo do Ciclo de Vida do produto
Figura 3 – Ciclo de vida e variáveis para acesso às informações
Figura 4 – Defeitos da madeira durante secagem
Figura 5 – Direções de corte ou planos da madeira
Figura 6 – Camadas de crescimento
Figura 7 – Propriedades mecânicas
Figura 8 – Exemplo de insetos xilófagos
Figura 9 – Exemplos de fungos xilófagos
Figura 10 – Planos radial, tangencial e transversal das árvores coníferas (***gimnospermas***)
Figura 11 – Planos radial, tangencial e transversal das árvores folhosas (***angiospermas***)
Figura A4.1 – Tipos de parênquima axial

Tabela 1 – Valores qualitativos quanto à densidade da madeira
Tabela 2 – Valores qualitativos para contração da madeira
Tabela 3 – Valores qualitativos quanto à dureza da madeira

Quadro 1 – Pictogramas referentes aos usos das madeiras e descrição
Quadro 2 – Usos especiais e madeiras mais empregadas
Quadro A4.1 – Parênquima axial de cada espécie e sua numeração no mostruário de fichas

1. Introdução

Madeira é um bem que tem sido usado há tempos como matéria-prima básica para as nossas edificações e para a produção de objetos, o que certamente se deve às suas características físicas e mecânicas. Os variados níveis de dureza e densidade permitem que sejam trabalhadas conforme a necessidade dos fabricantes e artesãos, em face de sua constituição fibrosa, que proporciona boa resistência estrutural.

Entretanto, não são apenas essas as razões do uso da madeira como matéria-prima. Ela mantém com o ser humano uma relação biofísica, catalisadora de sensações prazerosas. Seus cheiros, cores, brilhos, reflexos e temperaturas e, ainda, o desenho de suas fibras, formando composições visuais e asperezas diferenciadas, aguçam nossos sentidos e desejos.

O aspecto agradável dos diferentes tipos de madeira resulta da vasta combinação das propriedades físicas e sensoriais, características da exuberância florestal, visto que são geradas por uma rica variedade de árvores, cuja composição é determinante das formas e propriedades do tecido lenhoso.

As árvores são classificadas em dois grandes grupos, assim denominados **gimnospermas** e **angiospermas**. As primeiras, com nome tomado do grego **gumnos** (nu) e **sperma** (semente), são plantas cujos óvulos (e, posteriormente, as sementes) são carregados por um casco resistente sem a proteção de flores ou frutos. Por essa razão, tais árvores não têm frutos e apresentam sementes de forma aparente. Por outro lado, as **gimnospermas** se subdividem em tipos, destacando-se as **coníferas**, aquelas que produzem madeira. No Brasil há duas espécies principais de árvores coníferas, o pinus (***Pinus elliottii***) e a araucária ou pinho-do-paraná (***Araucaria angustifolia***), esta nativa do país. Seu tronco (caule ou fuste) e a copa (galhos e folhas) se apresentam na forma de cone, por isso o nome conífera. Essas árvores compõem um dos recursos renováveis mais importantes do mundo, em virtude de seu rápido crescimento.

Os elementos celulares (ver item 2.4.2) das *gimnospermas* se distinguem daqueles que compõem as *angiospermas*, fazendo com que surjam diferenças nas características das suas madeiras. As coníferas (*gimnospermas*) são classificadas como madeiras brancas ou moles, enquanto que as *angiospermas* compõem o grupo das madeiras duras.

As *angiospermas* formam um grupo vegetal mais diversificado, do qual fazem parte a maioria dos vegetais que cultivamos e também das árvores. Com o nome originado do grego *angi* (envelope) e *sperma* (semente), as *angiospermas*, ao contrário das *gimnospermas*, têm suas sementes protegidas pelos frutos e flores. Aliás, convém assinalar que as flores são a estrutura mais característica das *angiospermas*.

As *angiospermas* são divididas em duas classes: as *dicotiledôneas* e as *monocotiledôneas*. Estas últimas constituem formas mais evoluídas, já que derivam das primeiras. Das famílias de monocotiledôneas, as principais são as gramíneas (gramas e bambus), as orquídeas e as palmeiras. Já as dicotiledôneas compreendem um número mais vasto de famílias e uma quantidade de espécies três vezes maior que as monocotiledôneas.

Alguns fatores diferenciam as monocotiledônas das dicotiledôneas: as sementes das primeiras possuem um *cotiledom* (folhas primárias contendo substâncias de reserva que mantêm o embrião durante as primeiras fases de seu desenvolvimento). As dicotiledôneas, como indica o nome, possuem dois cotiledons. Nas folhas das monocotiledôneas, os vasos são paralelos, enquanto que nas dicotiledôneas eles são organizados em forma de rede. O tecido vascular (*xilema* e *floema* – Figura 1) das monocotiledôneas é difuso. Já nas dicotiledôneas esse tecido se organiza em anéis. Tal disposição permite o crescimento da espessura (diâmetro) do tronco e da raiz e a formação de tecido lenhoso, por meio do *câmbio*. É da raiz de determinadas árvores que se retira a rádica, geralmente usada para a produção de folheados aplicados em móveis de luxo. De seu lado, a madeira propriamente dita é gerada pelo tronco.

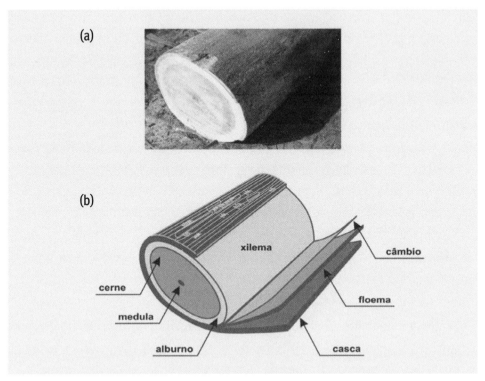

Figura 1 – Camadas do tronco de uma árvore. Fonte: (a) Zenid (2002); (b) ilustração da autora.

Convém assinalar que as árvores dicotiledôneas são também chamadas frondosas ou folhosas, em decorrência do aspecto ramificado de sua copa. Seu tronco é formado por várias camadas (Figura 1). A casca é o tecido mais externo, constituído de duas camadas: a mais externa, composta por tecidos mortos, tem a função de proteger os tecidos vivos; a mais interna, chamada *floema*, tem a função de conduzir a seiva elaborada na copa. Depois da casca, há uma fina camada, denominada ***câmbio***, responsável pelo crescimento do diâmetro do tronco. Logo a seguir, encontra-se o tecido lenhoso, ou seja, a madeira propriamente dita, denominado *xilema*. O xilema é constituído de duas partes: o ***alburno*** e o ***cerne***, os quais, em boa parte das madeiras, podem ser distinguidos pela cor mais clara e por uma resistência menor ao ataque de insetos do alburno (branco ou brancal), que é o lenho funcional, responsável pela condução da seiva bruta da raiz à copa. É constituído por células vivas que, ao morrerem, dão origem ao cerne, ou seja, o lenho não funcional cujas células estão sem atividade. Cerne e alburno são estruturas de crescimento do diâmetro do tronco. As estações climáticas influenciam muito no desenvolvimento do tronco, acarretando uma diferença visual dos **anéis de crescimento**, que são bem marcados nas árvores localizadas em regiões geográficas onde as estações climáticas são bem definidas. Por fim, a **medula** é a estrutura mais interna do tronco. Trata-se de um tecido primitivo cuja função é armazenar substâncias nutritivas. Nas **angiospermas** esse tecido varia muito de tamanho, coloração e forma[1].

Em razão das características dos elementos naturais, a madeira torna-se um material que não envelhece, guardando sempre suas propriedades básicas, admiradas pelas pessoas. Para tanto, inevitavelmente, são necessários alguns cuidados como secagem adequada e preservação contra o ataque de insetos e fungos.

A aplicação da madeira na fabricação de objetos possibilita o toque e uma aproximação maior entre o material e o usuário, proporcionando bem-estar às pessoas.

Por todas essas razões, a demanda de uso da madeira no mundo tem aumentado grandemente. Segundo dados da Organização das Nações Unidas para a Agricultura e Alimentação – FAO, há, para o período de 2005 a 2020, uma previsão de crescimento no consumo de madeira serrada da ordem de 1,4% ao ano e de painéis de madeira da ordem de 3,3% ao ano. De acordo com os últimos dados da FAO, em 2018, a produção global e o comércio dos principais produtos de madeira atingiram seu nível mais alto desde que a instituição começou a registrar estatísticas florestais em 1947[2].

Nesse sentido, o Brasil se encontra numa posição privilegiada, seja por possuir variadas espécies de madeira, proporcionando o apreço de seus usuários,

---

1 Várias publicações trazem informações sobre tecido vascular, estrutura anatômica e classificação das árvores. Podemos citar: ZENID, Geraldo. J. (Coord.). **Madeiras para Móveis e Construção Civil**. Instituto de Pesquisas Tecnológicas. Secretaria da Ciência, Tecnologia e Desenvolvimento Econômico do Estado de São Paulo, 2002, CD-Rom. FERRI, Mário Guimarães. **Botânica**. Morfologia interna das plantas (anatomia). 6ª ed., Edições Melhoramentos, São Paulo, 1978.

2 Esses dados são apresentados e atualizados periodicamente, em estudo intitulado **States of the word's Forest 2009: Global demand for wood products** (Situação das Florestas do Mundo), publicado e disponibilizado na Internet em 2009 pela FAO – http://www.fao.org/forestry/index.jsp em **publication / States of the word's forest**. Dados atualizados sobre a produção de madeira serrada podem ser obtidos no documento **Global Forest Products: Facts and Figures 2018**, http://www.fao.org/3/ca7415en/ca7415en.pdf.

seja pela sua dimensão geográfica, que permite uma exploração abundante da matéria-prima.

Para ter ideia da grandeza, em 2006, segundo dados do Censo Agropecuário realizado pelo Instituto Brasileiro de Geografia e Estatística – IBGE, o país produziu madeiras a partir de uma área total de quase 6,2 milhões de hectares (ha) em florestas nativas e cerca de 9 milhões de ha em florestas plantadas e, em 2017, foram cerca de 4,6 milhões de hectares em florestas nativas e 14,2 milhões de hectares em florestas plantadas[3].

Todavia, esses dados são pouco representativos face ao potencial de exploração, já que em termos de florestas nativas, por exemplo, o Brasil dispõe de cerca de 250 milhões de ha apropriados para manejo florestal na Amazônia, descontadas as áreas indígenas e as protegidas para conservação ou as inundadas[4]. Por outro lado, não se pode negar que grande parte da madeira produzida no Brasil é explorada de maneira inadequada, com uso de tecnologias ultrapassadas ou de forma predatória. Para reverter o quadro é necessária a adoção da exploração respeitando critérios legais de manejo florestal com tecnologias mais modernas e produtivas.

1.1 Exploração legal e sustentável

Como não se desconhece, a exploração dos recursos florestais é fundamental para a economia, o desenvolvimento local e a produção, mas ela deve ser conduzida de maneira sustentável, seja em florestas nativas seja em florestas

---

[3] Os documentos do Censo Agropecuário do IBGE de 2006 e 2017 podem ser consultados na internet. 2006: http://www.ibge.gov.br; http://www.ibge.gov.br/brasil_em_sintese/tabelas/tabela_agropecuaria.htm IBGE. Censo Agropecuário 2006 – Brasil, Grandes Regiões e Unidades da Federação. Instituto Brasileiro de Geografia e Estatística, 2006, págs. 247-248. 2017: https://www.ibge.gov.br/estatisticas/economicas/agricultura-e-pecuaria/9827-censo-agropecuario.html?=&t=downloads.

[4] Essas informações foram apresentadas pelo SENAI-Acre no texto: SENAI. *Projeto de Atendimento à Área de Madeira*. Planejamento estratégico: capacitação tecnológica para setores estratégicos – madeira/mobiliário. FIEAC/SENAI, Rio Branco, 1998. Foram novamente reforçadas em artigo publicado em revista da Sociedade Brasileira para o Progresso da Ciência – SBPC: CLEMENT, C. R.; HIGUCHI, N. A floresta amazônica e o futuro do Brasil. In: *Ciência e Cultura*, vol.58, n. 3 São Paulo jul/set. 2006.

plantadas, sob pena de provocar danos ambientais profundos, como o desmatamento intensivo, a extinção da fauna, a degradação social e até mesmo uma degradação cultural.

A legislação brasileira (ver item 2.6) é bem formulada e muito favorável ao desenvolvimento de manejos florestais sustentáveis. Paradoxalmente, entretanto, a ineficiência da ação do poder público no controle e na fiscalização da atividade madeireira, somada às ambiguidades próprias dos textos legislativos, leva à exploração depredatória e ilegal das florestas e à perturbação dos ecossistemas.

A realização de pesquisas e estudos é importante para contribuir e apoiar a atuação adequada do poder público. Também a atualização tecnológica, de gestão e de mão de obra, indispensável para a organização do setor, auxilia a política de manejo florestal sustentável, estimulando o surgimento de programas mais eficientes e um maior financiamento público.

De igual forma, a participação dos meios de comunicação é essencial para que a sociedade possa acompanhar e avaliar a atuação do poder público e das empresas, contribuindo para a conscientização e para a mudança, ambas tão necessárias. Entretanto, exageros, sensacionalismos, distorções e omissões podem comprometer esses objetivos e gerar opiniões superficiais, prejulgamentos e preconceitos, prejudicando a criação de uma demanda de mercado de madeira mais consciente e explorada de forma correta.

Um exemplo dessas distorções está na crença de que árvores de florestas nativas são exploradas em sua grande maioria para atender a mercados estrangeiros. Sabe-se hoje que a maior parte da madeira retirada dessas florestas é consumida no próprio país. Em estudo jamais realizado anteriormente, concluiu-se que em 1997 foram explorados cerca de 28 milhões de m³ de madeira na Amazônia. Deste total, 14% foram exportados e 86% consumidos no mercado interno[5].

Outro exemplo refere-se à convicção de que o eucalipto esgota a água e empobrece o solo. Estudos comprovam que, em comparação com espécies nativas (angico vermelho – **Parapiptadenia rigida** e urundeúva – **Astronium**

---

5 Esses dados são resultado de uma pesquisa realizada pelo Instituto do Homem e do Meio Ambiente da Amazônia – IMAZON e estão no documento: SMERALDI, Roberto, VERÍSSIMO, Adalberto **et al. Acertando o Alvo. Consumo de madeira no mercado interno brasileiro e promoção da certificação florestal.** AMIGOS DA TERRA, IMAFLORA, IMAZON, São Paulo, 1999.

urundeuva), o eucalipto consome a mesma quantidade de água, só que de forma mais intensa no período de chuvas. Com relação à retirada de nutrientes do solo, quando comparado a outras culturas (cana, laranja, cacau, café etc.), o cultivo de eucalipto se mostra muito menos prejudicial porque a cobertura vegetal que advém do seu cultivo confere maior proteção ao solo; além disso, o ciclo de rotação maior possibilita o surgimento de outras plantas no interior dos plantios, formando sub-bosques, há menor necessidade de preparo do solo em razão do longo período de rotação da cultura, há um uso menor de fertilizante e, ainda, a cultura é mais resistente ao ataque de pragas e doenças, o que resulta na redução do uso de defensivos químicos[6]. É necessária, então, a aplicação de um manejo florestal adequado que, além de preservar água e solo, não comprometa as áreas de preservação permanente, mantendo corredores ecológicos entre elas de maneira a garantir uma biodiversidade mínima. É indiscutível o fato de que o desenvolvimento da atividade em florestas cultivadas, baseado no manejo florestal sustentável, é um fator importante para a redução da pressão de exploração sobre as florestas nativas.

1.2 Certificação e design

Um mecanismo extremamente importante para a promoção do manejo e da exploração adequada das florestas é a certificação, ou seja, a documentação emitida por órgão competente que garante a origem e a legalidade do material. Os sistemas de certificação de madeira atualmente adotados no Brasil (ver item 2.7) seguem os preceitos definidos pelas leis nacionais, mas, como se trata de uma ação voluntária (as empresas não são obrigadas a obter certificação), a cooperação entre diversos agentes é indispensável. Também é importante que se desenvolva uma demanda de mercado, a começar pelos distribuidores e por aqueles que mantêm contato direto com os consumidores, os quais podem

---

[6] Essas informações são apresentadas no texto: SILVA, José de Castro. Eucalipto: desfazendo Mitos e Preconceitos. In: **Revista da Madeira**, n. 69, págs. 52-56, Curitiba, 2003. Mais dados sobre a importância do cultivo e o uso da madeira de eucalipto para a produção nacional podem ser obtidos nas pesquisas desenvolvidas pelo Departamento de Engenharia Florestal da Universidade Federal de Viçosa – MG, na Sociedade Brasileira de Silvicultura: http://www.sbs.org.br/ e na Sociedade de Investigações Florestais: http://www.sif.org.br/

desempenhar um papel de mediadores, transferindo informações construtivas sobre o manejo e a certificação. Ora, o manejo florestal sustentável depende da relação recíproca consumidores/produtores. Produtores também podem, deliberadamente, fornecer aos seus clientes informações sobre a origem da madeira usada ou, simplesmente, omitir essas informações sob o pretexto da manutenção de mercado. Por outro lado, consumidores podem exercer pressão sobre os produtores, exigindo dados e garantia sobre a procedência do material empregado no produto.

Em princípio, os consumidores aceitariam melhor produtos com madeira certificada. Para se ter uma ideia, uma pesquisa realizada em 1998 pelo Instituto Brasileiro de Opinião Pública e Estatística – IBOPE revelou que 68% dos brasileiros entrevistados estariam predispostos a pagar algo mais por produtos compatíveis com a preservação do meio ambiente. Para 35% dos entrevistados a devastação das florestas seria o problema ambiental mais significativo, seguido pela poluição das águas (18%), a poluição do ar (15%), o lixo urbano (14%) e o esgoto urbano (13%)[7].

As restrições se encontram, então, no nível da informação sobre o uso da matéria-prima. Os consumidores são unânimes em reconhecer a utilidade da madeira em algumas aplicações específicas: montar a estrutura de telhado das residências, na construção de embarcações, em instrumentos musicais etc. Diante do desconhecimento sobre as variadas qualidades e características das madeiras e do medo de serem enganados, eles preferem comprar aquela que lhes é apresentada como mais familiar. Neste sentido, os programas de certificação (ver item 2.7) são vistos como possibilidade de garantia de qualidade.

Sob a desculpa do desconhecimento, prevalece o uso de um número reduzido de espécies. Entretanto, essa tendência à uniformidade é um fator limitador do desenvolvimento do manejo florestal sustentável em florestas nativas, nas quais a diversidade de espécies é uma característica intrínseca. A exploração das florestas nativas deve respeitar essa diversidade, já que o critério de corte é a idade das árvores, e não o seu tipo (ver item 2.6).

Contribui para essa "tendência à uniformidade" não só o seu desconhecimento por parte do consumidor final, mas, também, de parte dos designers,

---

[7] Os resultados desta pesquisa podem ser consultados no site do IBOPE – http://www.ibope.com.br/ em "pesquisas" / "Opinião Pública" / "1998" / "1/5/1998 – Consumidor se dispõe a pagar mais por produto anti-poluente" [sic].

arquitetos, decoradores, projetistas e até mesmo marceneiros. Falta uma melhor divulgação das informações sobre as qualidades das diversas espécies de madeiras nativas, mas também cultivadas, apropriadas para uso na fabricação de produtos, como é o caso do eucalipto, que durante muito tempo foi alvo de preconceitos.

A certificação estabelece uma ligação direta com a fase de projeto, pois o objetivo da implementação dos certificados ou "selos verdes" é permitir às empresas mostrar aos consumidores a qualidade ambiental de seus produtos.

Designers, arquitetos, decoradores e outros profissionais desempenham importante papel na associação desses ingredientes, em que o emprego de madeira certificada se caracteriza como um trunfo de diferenciação, agregando valor aos produtos oferecidos. Ademais, a intervenção ativa desses profissionais na fase de projeto pode, além de valorizar a diversidade das espécies – pré-requisito para o manejo florestal sustentável em florestas nativas, favorecer a diminuição do gigantesco desperdício de madeira provocado na fase de produção. É verdade que o volume de madeira danificada e inutilizada é muito superior ao volume realmente utilizado, e isso pode ser facilmente constatado nas serrarias e marcenarias do país.

Apesar da existência de abundantes dados sobre as espécies, o desconhecimento, por parte da maioria dos agentes envolvidos, restringe o seu uso e limita a aceitação e a valorização da diversidade de madeiras, num aproveitamento mais efetivo, controlado e abrangente, comprometendo a efetiva prática do manejo sustentável.

De outra parte, o acesso às informações possibilita aos profissionais uma melhor avaliação dos contrastes e semelhanças das madeiras e da compatibilidade existente entre elas, permitindo possíveis substituições ou combinações de espécies.

Essa flexibilidade, ampliando a quantidade dos tipos de madeira usados, favorece a prática do manejo sustentável enquanto ajuda a evitar o desmatamento florestal abusivo e seletivo conduzido pela busca de espécies mais conhecidas e valorizadas no mercado.

Contudo, a flexibilidade é dificultada por restrições relacionadas ao fornecimento e à aquisição da matéria-prima, problemas de manuseio resultantes das propriedades e características de cada espécie, além de problemas de mercado.

Tais limitações devem ser observadas pelos profissionais de design e projeto. Uma das possibilidades de realizar esse estudo é por meio da análise do material no ciclo de vida do produto, ou seja, desde o manejo florestal até o pós-uso, incluindo, também, observações sobre os limites legais desse manejo, impostos pelo poder público e, ainda, os parâmetros definidos pelas associações de certificação de madeira. O esquema a seguir ilustra as etapas e os agentes envolvidos em um ciclo de vida mais completo do produto[8], como base para uma análise sistematizada (Figura 2).

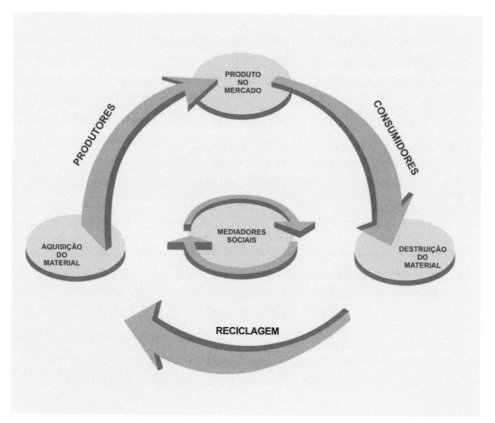

Figura 2 – Modelo do Ciclo de Vida do produto. Fonte: ilustração da autora.

---

8   Modelo complexo do ciclo de vida do produto desenvolvido na tese de doutorado da autora: PEREIRA, A. F. *Application des connaissances issues du développement durable, de l'environnement et de la systémique, au design industriel de produits dans une approche de « macroconception ».* Tese de Doutorado, Université de Technologie de Compiègne, Compiègne, França, 2001.

2. Limites de uso e ciclo de vida

Para que seja obtido, de forma organizada, o máximo de informações sobre as madeiras, é conveniente que sejam elas examinadas levando em conta os limites de uso de cada espécie: para que, como, em que usar, qual a quantidade disponível e onde encontrar. As variáveis serão observadas sob a lógica do ciclo de vida como mostra a Figura 3:

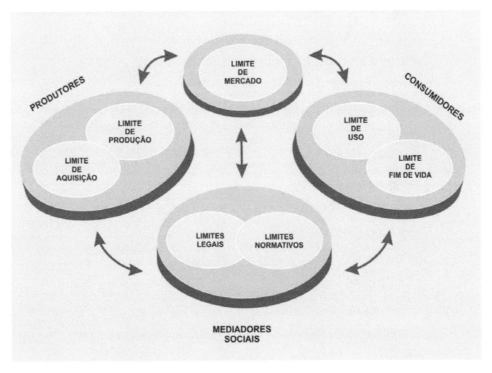

Figura 3 – Ciclo de vida e variáveis para acesso às informações. Fonte: ilustração da autora.

1 – Limites de aquisição da madeira:
- preço e volume disponível
- facilidade e riscos de secagem (ver fichas de madeira neste manual)

2 – Limites de produção e trabalhabilidade:
- propriedades físicas e mecânicas (ver fichas de madeira neste manual)
- durabilidade natural (ver fichas de madeira neste manual)
- processos de fabricação (ver fichas de madeira neste manual)
- estabilidade

3 – Limites de mercado:
- aceitabilidade da diversidade de espécies
- fatores econômicos globais

4 – Limites de uso:
- nomes comuns e nomes científicos (ver fichas de madeira neste manual)
- elementos celulares
- características sensoriais (ver fichas de madeira neste manual)
- usos mais comuns (ver fichas de madeira neste manual)
- conforto de uso
- conforto térmico
- conforto acústico
- resistência ao fogo

5 – Limites de fim de vida:
- propriedades tóxicas e resíduos
- potencial de poluição

6 – Limites legais:
- obrigações legais

7 – Limites normativos:
- programas da sociedade civil organizada (certificação etc.)

2.1 Limites de aquisição da madeira

2.1.1 Preço e volume disponível

O preço da madeira e o volume disponível para uso imediato são dois pontos fundamentais relativos à facilidade ou dificuldade de aquisição de matéria-

-prima. Ambos estão ligados ao problema de fornecimento que, aliás, afeta diversos setores de produção.

No que concerne aos preços, apesar de alguns estudos realizados[9] na tentativa de classificá-los em uma ordem de grandeza padronizada, não se tem, ainda, catálogos indicadores de valores básicos. Mesmo que necessários, sua ausência – não se pode negar – se deve em muito às oscilações da economia de mercado. Além disso, a coleta de informações sobre preço de madeira, sobretudo nativas, é muito difícil. Em muitos casos, o mesmo nome é usado para indicar madeiras semelhantes e espécies menos conhecidas são vendidas sob outros nomes cujo valor comercial é mais elevado.

Quanto à questão da disponibilidade, em se tratando de florestas plantadas, o volume produzido e fornecido pode ser bastante previsível. Já no que se refere às florestas nativas, um inventário das espécies a serem exploradas é exigido a cada pedido de autorização de exploração, por meio do Plano de Manejo Florestal Sustentável – PMFS, definido pelo Instituto Brasileiro do Meio Ambiente e dos Recursos Naturais Renováveis – IBAMA, de acordo com a legislação vigente (ver item 2.6). Contudo, o volume é muito variável, pois a distribuição das espécies não é homogênea de um Estado a outro, nem mesmo de uma propriedade a outra. Além do mais, o crescimento das árvores não é padronizado, pois não se trata de plantio. A utilização de espécies variadas de acordo com sua ocorrência e idade é, portanto, fundamental.

Face à ausência de dados mais precisos, a melhor opção é dispor de uma lista de fornecedores (ou instituições ligadas ao setor) para consultas mais detalhadas e comparativas:

---

9 A título de exemplo, um estudo foi realizado pelo Instituto do Homem e do Meio Ambiente da Amazônia – IMAZON, em 137 espécies de madeiras da Amazônia, chegando-se a aproximadamente três classes de preços: baixo, médio, alto. SMERALDI, VERÍSSIMO *et al.*, 1999. ***Op. cit***.

INSTITUIÇÕES NACIONAIS

Associação das Indústrias Exportadoras de Madeira do Estado do Pará – AIMEX

Trav. Quintino Bocaiúva, 1.588 – 5º andar – Ed. Casa da Indústria

66035-190 – Belém – PA

Tel.: (91) 3242-7161 / (91) 3242-7342

E-mail: aimex@aimex.com.br

http://www.aimex.com.br

Associação Brasileira de Produtores e Exportadores de Madeiras – ABPMEX

Tel.: (41) 3016-1516

E-mail: abpmex@abpmex.com.br

http://www.abpmex.com.br

Associação Brasileira dos Preservadores de Madeira – ABPM

Av. Prof. Almeida Prado, 511, Prédio 11 – Cidade Universitária

05508-901 – São Paulo – SP

Tel.: (11) 3714-7738 / (11) 3767-4614

E-mail: info@abpm.com.br

http://www.abpm.com.br

Associação Nacional dos Produtores de Pisos de Madeira – ANPM

Rua Campos Salles, 1.818, Sala 64 – Bairro dos Alemães

13416-310 – Piracicaba – SP

Tel.: (19) 3402-2166

E-mail: anpm@anpm.org.br

http://www.anpm.org.br

Sociedade Brasileira de Silvicultura – SBS

Rua Gastão do Rego Monteiro, 425 – Jardim Bonfiglioli

05594-030 – São Paulo – SP

Tel.: (11) 3719-1771 / (11) 2619-1772

E-mail: sbs@sbs.org.br

http://www.sbs.org.br

Associação Brasileira das Indústrias do Mobiliário – ABIMÓVEL

Av. Brig. Faria Lima,1234, 11º andar – Sala 116

01451-913 – São Paulo – SP

Tel.: (11) 3817-8711

E-mail: presidencia@abimovel.com

http://www.abimovel.com/

INSTITUIÇÕES REGIONAIS

ACRE

Sindicato da Indústria Madeireira do Estado do Acre – SINDUSMAD

Av. Ceará, 3.727 – Casa da Indústria

69907-000 – Rio Branco – AC

http://www.sindindustria.com.br/sindusmadac

AMAZONAS

Sindicato da Indústria de Serrarias e Carpintarias no Estado do Amazonas

Federação das Indústrias do Estado do Amazonas

Av. Joaquim Nabuco, 1.919 – 5º andar

69020-031 – Manaus – AM

Tel.: (92) 3233-8591

E-mail: drt@fieam.org.br

BAHIA

Sindicato das Indústrias de Serrarias e Carpintarias do Estado da Bahia

Rua Edistio Ponde, 342 – Ed. FIEB – STIEP

41770-395 – Salvador – BA

Tel.: (71) 3343-1223

E-mail: sindiscamba@fieb.org.br

DISTRITO FEDERAL

Sindicato das Indústrias da Madeira e Mobiliário do DF – SINDIMAM

Setor Comercial Norte, Quadra 01, Bloco E, Sala 1.511 – Edifício Central Park

70711-903 – Brasília – DF

Tel.: (61) 3234-3863 / (61) 3327-3893

http://www.sindimam.org.br/

ESPÍRITO SANTO

Sindicato da Indústria de Serrarias, Carpintarias, Madeiras Compensadas, Marcenaria (Móveis de Madeira), Móveis de Junco e Vime, de Vassouras, Cortinados e Estofos de Colatina – SINDMÓVEIS

Rod. do Café, km.2, 800 – Carlos Germano Nawman

29705-200 – Colatina – ES

Tel.: (27) 3721-3499

https://findes.com.br/news/team/sindmoveis

GOIÁS

Sindicato das Indústrias de Móveis e Artefatos de Madeira do Estado de Goiás

Rua 200, Qd. 67 C, Lt 1/5, n. 1.121 – Setor Leste Vila Nova, Edifício Pedro Alves de Oliveira 1º andar, Goiânia – Goiás

E-mail: sindmoveis@sistemafieg.org.br

MARANHÃO

Sindicato da Indústria Moveleira e Madeira de Imperatriz e Região – SINDIMIR

Rua Bahia, 611, Sala 5 – Centro

65903-350 – Imperatriz – MA

Tel.: (99) 3524-8624

MADEIRAS BRASILEIRAS
Guia de combinação e substituição

MATO GROSSO DO SUL

Sindicato Intermunicipal das Indústrias de Móveis em Geral, Marcenarias, Carpintarias, Serrarias, Tanoarias, Madeiras Compensadas e Laminadas, Aglomerados e Chapas de Fibras de Madeira, de Cortinados e Estofos de Mato Grosso do Sul – SINDMAD

Avenida Afonso Pena 1.031 – Amambaí

79005-000 – Campo Grande – MS

Tel.: (67) 3324-1963

http://www.sindindustria.com.br/sindmadms

Sindicato das Indústrias da Construção e do Mobiliário de Corumbá – SINDICOM

Rua Nossa Senhora da Candelária, 1555 – Maria Leite

79310-050 – Corumbá – MS

Tel.: (67) 3234-3617

http://www.sindindustria.com.br/sindicomms

MATO GROSSO

Sindicato das Indústrias Madeireiras do Norte do Estado do Mato Grosso – SINDUSMAD

Av. dos Jacarandás, 3.184 – St. Industrial (próximo à Av. das Embaúbas)

78550-000 – Sinop – MT

Tel.: (65) 3531-5900

http://www.sindusmad.com.br

Sindicato das Indústrias Madeireiras do Noroeste – SIMNO

Av. Floresta, n. 484-N Setor B

78320-000 – Juína – MT

Tel.: (65) 3566-1698

http://www.simno.com.br/

Sindicato das Indústrias Madeireiras do Vale de Arinos – SIMAVA

Rua Belo Horizonte, 73 – Centro

78575-500 – Juruá – MT

Tel.: (66) 3556-3865

E-mail: simava-juara@hotmail.com

Sindicato dos Madeireiros do Extremo Norte de Mato Grosso – SIMENORTE

Av. Uniflor, 120

78580-000 – Alta Floresta – MT

Tel.: (66) 3521-8847

E-mail: simenort@gmail.com

http://www.simenorte.com.br

Sindicato Intermunicipal das Indústrias do Mobiliário do Estado de Mato Grosso – SINDIMOVEL

Av. Historiador Rubens de Mendonça, 4.193 – Bosque da Saúde

78000-000 – Cuiabá – MT

Tel.: (65) 3628-3320

http://www.sindicatodaindustria.com.br/sindimovelmt/

MINAS GERAIS

Associação Mineira de Silvicultura – AMS

Rua Paraíba, 1.352 – 13º andar – Sala 1.305

30130-141 – Funcionários – Belo Horizonte – MG

Tel.: (31) 3282-8811

E-mail: silviminas@silvimas.com.br

https://amif.org.br/

Sociedade de Investigações Florestais – SIF

Departamento de Engenharia Florestal

Av. P. H. Rolfs s/n. – Campus – Universidade Federal de Viçosa

36570-000 – Viçosa – MG

Tel. (31) 3612-3950

http://www.sif.org.br

Sindicato das Indústrias do Mobiliário e Artefatos de Madeira no Estado de Minas Gerais – SINDIMOV

Av. Sindicalista Vanderley Teixeira Fernandes, 265 – Distrito Industrial Dr. Hélio Pentagna Guimarães – Polo Moveleiro

32113-498 – Contagem – MG

Tel. (31) 3357-3169

E-mail: sindimov@sindimov-mg.com.br

http://www.sindimov-mg.net.br

Sindicato Intermunicipal das Indústrias do Mobiliário de Ubá – INTERSIND

Rodovia MGT 265, n. 2200, Galpão Intersind – Horto Florestal

36500-000 – Ubá – MG

Tel.: (32) 3531-1307

E-mail: intersind@intersind.com.br

http://www.intersind.com.br/

PARÁ

Sindicato da Indústria de Serraria, Carpintarias, Tanoarias, Madeiras Compensadas e Aglomerados e Chapas de Fibras de Madeiras de Belém e Ananindeua – SINDMAD

Trav. Quintino Bocaiúva, 1.588, Bloco A, 5º andar – Ed. Casa da Indústria

66035-190 – Belém – PA

Tel.: (91) 3242-7342

http://www.sindicatodaindustria.com.br/sindimadpa/

Associação das Indústrias Madeireiras de Altamira – AIMAT

Rua Coronel José Porfírio, 2.800 – São Sebastião

68372-040 – Altamira – PA

Tel.: (93) 3515-3000

Sindicato da Indústria de Madeira do Baixo e Médio Xingu – SIMBAX

Rua Coronel José Porfírio, 2.800 – São Sebastião

68372-040 – Altamira – PA

Tel.: (93) 3515-3077

E-mail: simbaxaltamira@yahoo.com.br

Sindicato das Indústrias Madeireiras de Jacundá – SIMAJA

Rua Teotônio Vilela, 20

68590-000 – Jacundá – PA

Tel.: (94) 3345-1224

MADEIRAS BRASILEIRAS
Guia de combinação e substituição

Sindicato da Indústria de Serraria, Carpintarias, Tanoarias, Madeiras Compensadas e Aglomerados e Chapas de Fibras de Madeiras de Paragominas – SINDISERPA

Rua Santa Terezinha, 214 – Centro

68625-080 – Paragominas – PA

Tel.: (91) 3729-7623

Sindicato das Indústrias Madeireiras de Tucuruí e Região – SIMATUR

Rua Lauro Sodre, 517 – Sala 01 – Centro

68456-000 Tucuruí – PA

Sindicato das Indústrias Madeireiras do Vale do Acará – SIMAVA

Av. Benedito Alves Bandeira, s/n. – Núcleo Urbano de Tomé-Açu

68680-000 – Tomé-Açu – PA

Tel.: (91) 3727-1512 / (91) 3727-1016

E-mail: madeireiramais@hotmail.com

Sindicato da Indústria Madeireira e Movelaria de Tailândia – SINDIMATA

Rod. PA 150 km129 – CX Postal 92

68695-000 – Tailândia – PA

Tel.: (91) 99182-4276 / (91) 99106-8900

E-mail: sindimata.pa@gmail.com

Sindicato da Indústria de Marcenaria do Estado do Pará – SINDIMÓVEIS

Trav. Quintino Bocaiúva, 1.588, Bl. B, 2º andar

66035-190 – Belém – PA

Tel.: (91) 3212-3718

E-mail: sindmoveis@fiepa.org.br

PARANÁ

Sindicato das Indústrias da Madeira do Estado do Paraná – SIMADEIRA

Al. Dr. Muricy, 474, 6º andar

80010-120 – Curitiba – PR

Tel.: (41) 3222-5482

E-mail: simadeirapr@gmail.com

Sindicato das Indústrias da Madeira e do Mobiliário do Oeste do Paraná – SINDMADEIRA

Rua Vicente Machado, 619 – Região do Lago

85812-150 – Cascavel – PR

Tel.: (45) 3226-7458

E-mail: sindmadeira@hotmail.com

http://www.fiepr.org.br/sindicatos/sindmadeiraoeste/

Sindicato das Indústrias de Madeiras, Serrarias, Beneficiamentos, Carpintaria e Marcenaria, Tanoaria, Compensados e Laminados, Aglomerados e Embalagens de Guarapuava – SINDUSMADEIRA

Av. Sebastião de Camargo Ribas, 2170 – Sala 01 – Bonsucesso

85055-000 – Guarapuava – PR

Tel.: (42) 3623-8100

E-mail: gerencia@sindusmadeira.com.br

http://sindusmadeira.com.br/

Sindicato da Indústria do Mobiliário e Marcenaria do Estado do Paraná – SIMOV

Casa da indústria de Curitiba – Rua Domingos Nascimento, 187

88520-022 – Curitiba – PR

Tel.: (41) 3342-5052

E-mail: simov@simov.com.br

MADEIRAS BRASILEIRAS
Guia de combinação e substituição

RIO DE JANEIRO

Sindicato das Indústrias de Marcenaria e Carpintaria do Rio de Janeiro – S.I.M. RIO

Av. Franklin Roosevelt, 194, Sala 207 – Castelo

20021-120 – Rio de Janeiro – RJ

Tel.: (21) 2262-2160

RIO GRANDE DO SUL

Sindicato Intermunicipal das Indústrias Madeireiras, Serrarias, Carpintarias, Tanoarias, Esquadrias, Marcenarias, Móveis, Madeiras Compensadas e Laminadas e Chapas de Fibras de Madeiras do Estado do Rio Grande do Sul – SINDIMADEIRA

Rua Ítalo Victor Bersani, 1.134

95050-520 – Caxias do Sul – RS

Tel.: (54) 3228-1744 / (54) 3052-6800

E-mail: atendimento@sindimadeirars.com.br

https://www.sindimadeirars.com.br/

RONDÔNIA

Sindicato das Indústrias Extrativas do Estado de Rondônia – SINDIEXTRATIVAS

Rua Getúlio Vargas, 3595 – São João Bosco

76801-186 – Porto Velho – RO

Tel.: (69) 3502-3521

E-mail: sindiextrativas.ro@fiero.org.br

Sindicato das Indústrias, Serrarias, Carpintarias, Tanoarias, Madeiras Compensadas e Laminadas, Aglomerados e Chapas de Madeiras de Vilhena – SIMAD-VILHENA

Av. Eduardo Gomes, s/n. – Estrada do Aeroporto

78995-000 – Vilhena – RO

Tel.: (69) 3321-2894

Sindicato das Indústrias de Serrarias, Carpintarias, Tanoarias, Madeiras Compensadas e Laminadas, Aglomerados e Chapas de Madeiras de Cacoal – SIMAD-CACOAL

Av. São Paulo, 2427

78975-000 – Cacoal – RO

Tel.: (69) 3443-2225

E-mail: simad.cacoal@fiero.org.br

Sindicato das Indústrias de Madeiras de Espigão do Oeste – SIMEO

Rua Mato Grosso, 3.014 – Centro

78983-000 – Espigão do Oeste – RO

Tel.: (69) 3441-7839

E-mail: erdtmann@centranet.com.br

Sindicato das Indústrias Madeireiras de Ariquemes – SIMA

Avenida JK, 1.755 – St. Industrial

78930-000 – Ariquemes – RO

Tel.: (69) 3535-3476

E-mail: sima.ro@hotmail.com

Sindicato das Indústrias Madeireiras de Pimenta Bueno – SIMP

Rua Rogério Weber, 289 – Beira Rio

76970-000 – Pimenta Bueno – RO

Tel.: (69) 3451-2891

E-mail: ivandrobehenck@uol.com.br

Sindicato das Indústrias Madeireiras de Rolim de Moura – SIMAROM

Rua Jaguaribe, 4493 – Centro

78987-000 – Rolim de Moura – RO

Tel.: (69) 3442-2056

E-mail: vilso@lanodaamazonia.com.br

RORAIMA

Sindicato da Indústria de Desdobramento e Beneficiamento de Madeiras, Laminados e Compensados do Estado de Roraima – SINDIMADEIRAS

Rua Lobo D'Almada, n. 211

69305-050 – Boa Vista – RR

Tel.: (95) 99147-1799 / (95) 99114-1578

E-mail: amaderr@gmail.com

http://www.sindindustria.com.br/sindimadeirasrr

SANTA CATARINA

Sindicato das Indústrias Extração de Madeira no Estado de Santa Catarina

Rua Thiago da Fonseca, 44 – Capoeiras

88085-100 – Florianópolis – SC

Tel.: (48) 3244-1177

E-mail: sindextracao@gmail.com

Sindicato da Indústria de serrarias, Carpintarias, Tanoarias, Madeiras Compensadas e Laminadas, Aglomeradas e Chapas de Fibras de Madeira no Estado de Santa Catarina

Rua do Príncipe, 226 – Centro

89201-000 – Joinville – SC

Tel.: (47) 3422-2072

E-mail: sindserraria@terra.com.br

Sindicato da Indústria de Madeira do Médio e Alto Vale do Itajaí – SINDIMADE

Alameda Bela Aliança, 6 – Centro

89160-000 – Rio do Sul – SC

Tel.: (47) 3521-2870

http://www.sindimade.net.br/

SÃO PAULO

Sindicato das Indústrias de Serrarias, Carpintarias, Tanoarias, Madeiras Compensadas e Laminadas no Estado de São Paulo – SINDIMAD

Av. Paulista, 1313, 9º andar – sala 910 – Bela Vista

01311-923 – São Paulo – SP

Tel.: (11) 3255-8566

E-mail: sindimad@sindimad.org.br

http://www.fiesp.com.br/sindimad/

Sindicato do Comércio Atacadista de Madeiras do Estado de São Paulo – SINDIMASP

Rua São Bento, 59 – 3º andar – conj. 3B – Centro

01011-000 – São Paulo – SP

Tel.: (11) 3104-2661

http://www.sindimasp.org.br

TOCANTINS
Sindicato das Indústrias da Madeira e do Mobiliário de Estado do Tocantins – SIMAM
212 Norte, Av. Lo Doze, Lote 17 – Plano Diretor Norte
77006-318 – Araguaina – TO
Tel./Fax: (63) 98483-1737
http://www.sindindustria.com.br/simamto

2.1.2 Facilidade e riscos de secagem

A secagem é uma etapa básica para as operações de transformação da madeira. Seu procedimento não controlado ou inadequado para a espécie pode comprometer a peça que se pretenda produzir tanto estrutural quanto visualmente.

Cada madeira, em função de sua taxa de umidade, estrutura e espessura, comporta-se de modo diferente durante a secagem. Por isso, toda espécie exige tempo e controle de secagem específicos. Algumas se comportam bem em secagem ao ar livre; outras exigem controle mais rigoroso e necessitam que a secagem seja feita em estufas, onde podem ser verificados tempo, umidade e temperatura[10]. Recomenda-se que as peças de madeira sejam preparadas para secagem em pilhas planas, cada camada separada por tabiques de dimensões idênticas, evitando empenamentos e permitindo a ventilação[11].

Em muitos casos, a secagem é um processo difícil, que pode provocar problemas, ocasionando perdas de material. Os defeitos apresentados são classificados nas categorias: empenamentos (encanoamento e encurvamento), rachaduras, colapso e torcimentos (arqueamento e forma diamante)[12] (Figura 4).

---

10 Programas de secagem em estufa foram definidos pelo IBAMA e são apresentados no livro LPF/IBAMA. ***Programas de secagem para madeiras brasileiras***. Laboratório de Produtos Florestais, IBAMA, Brasília, 1998.

11 Informações sobre procedimentos de secagem e definição de umidade estão detalhadas em: ZENID, G. J., 2002, CD-Rom, ***Op. cit.***

12 Definições precisas sobre cada defeito podem ser obtidas em: ZENID, G. J., 2002, CD-Rom, ***Op. cit.*** e LPF/IBAMA, 1998, ***Op. cit.***

Facilidade e riscos durante a secagem de cada espécie podem ser analisados nas Fichas de Madeira deste manual. De acordo com a bibliografia consultada, a qualidade quanto aos riscos de secagem ao ar livre e em estufa é classificada conforme as tendências que apresente quanto aos riscos de defeitos: "forte tendência", "tendência", "moderada tendência" e "leve tendência". Em função da variedade de termos encontrados na bibliografia consultada, pode haver ainda as seguintes indicações: "muitos defeitos", "alta incidência de defeitos", "sem defeitos", "sem problemas", "não apresenta defeitos", "não apresenta defeitos sérios", "pouca ocorrência de defeitos" ou "sem defeitos significativos".

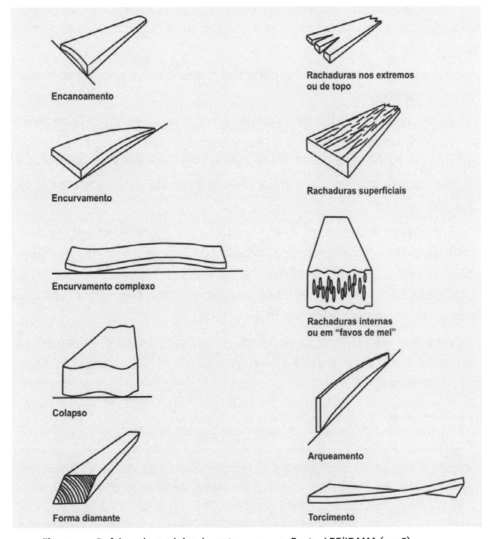

Figura 4 – Defeitos da madeira durante secagem. Fonte: LPF/IBAMA (1998).

2.2 Limites de produção e trabalhabilidade

2.2.1 Propriedades físicas e mecânicas

A definição das <u>propriedades físicas</u> das madeiras é baseada nos parâmetros: a) **densidade** e b) **contração**.

a) **Densidade** é a relação entre a quantidade de massa e o volume da madeira (compreendendo o volume também ocupado pelos poros).

Algumas propriedades físicas da madeira estão relacionadas à densidade, condicionando a decisão sobre se uma madeira serve ou não para determinado uso.

A densidade varia muito de espécie para espécie, o que pode ser observado nas Fichas de Madeira.

As unidades utilizadas mais comumente são kg/m^3 ou g/cm^3 (esta última definida como unidade padrão pela Associação Brasileira de Normas Técnicas – ABNT). Nas Fichas de Madeira deste manual será adotado kg/m^3, em razão da assimilação mais imediata da grandeza (em quilograma) pelo público em geral, não especializado.

Três valores de densidade podem ser obtidos: 1) **densidade em madeira verde** (peso verde/volume verde); 2) **densidade básica** (peso seco em estufa/ volume verde); 3) **densidade aparente**, aquela medida a um determinado teor de umidade, cujos valores apresentados nas Fichas de Madeira foram tomados a partir de amostras com umidade a 12% e 15%[13].

Além dos valores numéricos, a densidade é também apresentada em valores qualitativos: **leve, média** e **pesada,** classificados de acordo com os seguintes intervalos[14]:

---

13 A variação do teor de umidade é devida às fontes consultadas. Os dados de cada espécie apresentados nas Fichas de Madeira foram obtidos junto ao IBAMA (com teor de umidade a 12%) e ao IPT (com teor de umidade a 15%), contudo essa variação não chega a comprometer a comparação dos valores entre espécies. Ver: IBAMA. **Madeira Tropicais Brasileiras**. Edições IBAMA, Brasília, 2002. : ZENID, G. J., 2002, CD-Rom, **Op. Cit**.

14 Com base nos valores apresentados em: MAINERI, C.; CHIMELO, J. P. Fichas de Características das Madeiras Brasileiras. IPT – Instituto de Pesquisas Tecnológicas, São Paulo, 1989.

Tabela 1 – Valores qualitativos quanto à densidade da madeira

Madeira leve	Densidade aparente ≤ 550 kg/m³
Madeira média	Densidade aparente > 550 kg/m³ a ≤ 750 kg/m³
Madeira pesada	Densidade aparente > 750 kg/m³

Fonte: Maineri e Chimelo (1989).

b) **Contração** é um conceito relacionado às mudanças nas dimensões de uma peça, ocasionadas pelas variações de umidade. Ditas variações são medidas em percentuais.

As mudanças de dimensão atingem, sobretudo, as direções tangencial e radial, sendo imperceptível a variação da dimensão longitudinal (Figura 5).

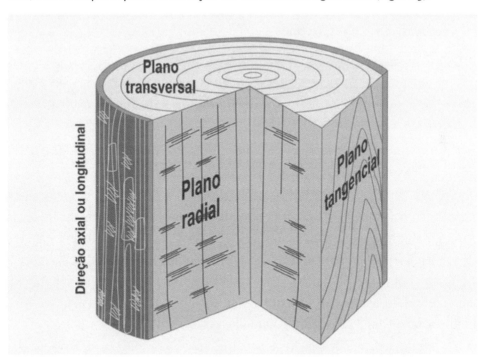

Figura 5 – Direções de corte ou planos da madeira. Fonte: ilustração da autora.

Estas informações são importantes para o design de produto e marcenaria, sobretudo quando são combinadas espécies diferentes ou quando as peças de madeira são colocadas muito próximas umas das outras, como é o caso de assoalhos e pisos. Nestes casos, as mudanças de dimensões devem ser observadas a fim de que o resultado final não seja comprometido em função de alterações no teor de umidade do ambiente.

As taxas de contração servem como parâmetros de comparação entre as espécies, sendo também classificadas de forma qualitativa em *baixa*, *média*, *alta*, nas direções tangencial e radial e no volume total:

Tabela 2 – Valores qualitativos para contração da madeira

	Baixa	Média	Alta
Contração tangencial	≤ 7,43%	> 7,44% a ≤ 11,93%	> 11,94%
Contração radial	≤ 3,51%	> 3,52% a ≤ 5,59%	> 5,60%
Contração volumétrica	≤ 12,32%	> 12,33% a ≤ 19,39%	> 19,40%

Fonte: Maineri e Chimelo (1989).

As propriedades mecânicas das madeiras são estabelecidas de acordo com os seguintes parâmetros: a) *dureza*, b) *flexão estática*, c) *compressão*, d) *tração*, e) *cisalhamento*.

Os valores aqui apresentados foram obtidos em ensaios realizados a partir de amostras com teor de umidade a 12% e 15%[15].

a) *Dureza* é uma característica de resistência da madeira à penetração de um elemento metálico. Esta propriedade é normalmente medida sob a referência *Janka*, de acordo com normas internacionais e é dada em N (Newton), unidade definida pela ABNT, ou kgf (quilograma força), unidade aqui adotada pela mesma razão anteriormente citada, ou seja, assimilação mais direta pelo público. Foi adotada nas Fichas de Madeira a dureza em ensaio transversal (em alguns casos, paralelo, ou de topo) com teor de umidade a 12% e 15%.

Considera-se que quanto mais estreitas sejam as camadas de crescimento, mais dura é a madeira (Figura 6).

---

15 *Idem* nota 13.

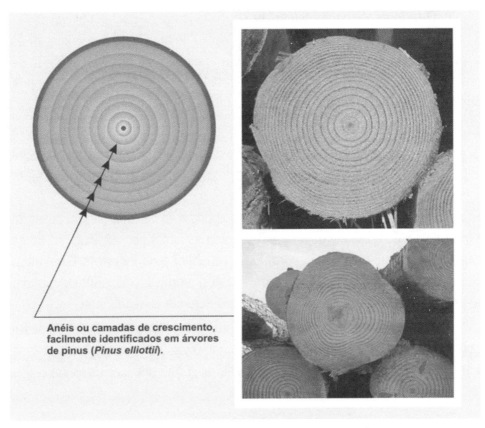

Figura 6 – Camadas de crescimento. Fonte: ilustração e imagens da autora.

Existe uma correlação entre densidade e dureza: as madeiras pesadas são, normalmente, mais duras; as leves, mais macias.

Dureza também é classificada em valores numéricos e qualitativos: *macia*, *média*, *dura*, e de acordo com os seguintes intervalos[16]:

Tabela 3 – Valores qualitativos quanto à dureza da madeira

Madeira macia	Dureza *Janka* ≤ 392 kgf
Madeira média	Dureza *Janka* > 392 kgf a ≤ 730 kgf
Madeira dura	Dureza *Janka* > 730 kgf

Fonte: Maineri e Chimelo (1989).

---

16 Baseado nos valores apresentados em: MAINERI, C.; CHIMELO, J. P. 1989, *Op. cit*.

b) ***Flexão estática*** é a deformação que uma peça de madeira longa, apoiada em suas extremidades, sofre com a aplicação de uma força perpendicular às suas fibras (ou a seu eixo longitudinal). Ela é medida em ensaios de limite de resistência (módulo de ruptura) e de elasticidade (módulo de elasticidade) – propriedade que a peça tem de retornar à sua forma primitiva.

c) ***Compressão*** é a força exercida numa peça de madeira com o objetivo de reduzir seu volume. É medida em ensaios de resistência realizados de forma paralela e perpendicular às fibras, para verificar o valor máximo a ser alcançado sem que a peça seja esmagada.

d) ***Tração*** é a força exercida no sentido oposto ao da compressão, puxando a peça de madeira fixa em uma base. É medida de forma perpendicular às fibras para verificar o valor máximo suportado sem que haja fendilhamento. O fendilhamento é a abertura das fibras que deixa aparecer fendas ou rachaduras. Também se pode medir a resistência apresentada pela madeira ao fendilhamento.

e) ***Cisalhamento*** é a separação das fibras, ocorrida por meio de seu deslizamento, umas sobre as outras, em planos paralelos. Os ensaios são realizados a fim de medir a resistência da peça de madeira, submetida a esforços aplicados no sentido paralelo ou oblíquo às fibras.

Estes dados para flexão estática, compressão, tração e cisalhamento (Figura 7), são muito utilizados na construção civil para dimensionamento das peças de madeira estruturais. Entretanto, sua utilidade é menor em relação aos objetos e ao uso em acabamentos, dada as relações entre as dimensões das peças e aos esforços de cargas suportados. Em uma mesa, a seção dos pés, por exemplo, por mais estreita que seja, é, quase sempre, suficientemente grande para suportar a carga colocada sobre a mesa. Com pouca frequência, o design de produto e de interiores necessitará desses dados. Por essa razão, eles não estão indicados nas Fichas de Madeira, mas sim em uma tabela apresentada em anexo.

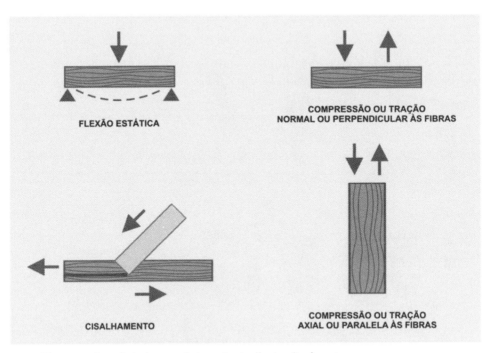

Figura 7 – Propriedades mecânicas. Fonte: ilustração da autora.

2.2.2 Durabilidade natural

A durabilidade natural da madeira é analisada sob 4 aspectos: a) *resistência ao ataque de insetos xilófagos*; b) *resistência ao ataque de fungos*; c) *resistência ao sol*; d) *facilidade de tratamento*. Podem ser assim descritos:

a) Insetos *xilófagos*, aqueles que se alimentam de madeira (*xilon*: do grego = madeira, por isso também o nome xilema; e *fago*: do grego = comer), são os cupins e as brocas-de-madeira[17] (Figura 8).

---

17 Informações mais detalhadas sobre insetos xilófagos podem ser obtidos em IPT. *Biodeterioração de madeiras em edificações.* Instituto de Pesquisas Tecnológicas, São Paulo, 2001.

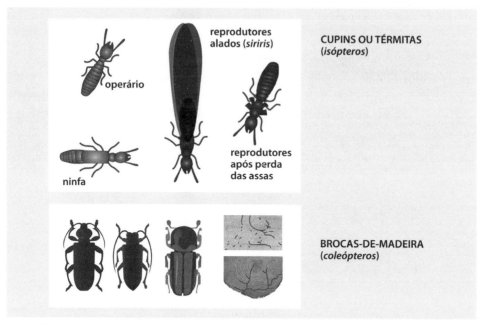

Figura 8 – Exemplo de insetos xilófagos. Fonte: adaptada de IPT (2001).

Os cupins ou térmitas (***isópteros:*** do grego = asas iguais) são insetos sociais, ou seja, agrupam-se em colônias compostas por diferentes categorias de indivíduos: operários, soldados e reprodutores (estes últimos os únicos alados, chamados ninfas quando imaturos, siriris ou aleluias, quando adultos). Responsáveis por todo trabalho da colônia, os operários é que atacam a madeira. Entretanto, nem todos os cupins atacam a madeira, aqueles que o fazem são chamados cupins xilófagos. São classificados em "cupins-de-madeira-seca" e "cupins-de-madeira-umida" (estes atacam madeiras com teor de umidade acima de 30%): ambos desenvolvem suas colônias inteiramente dentro da madeira, sendo seu ataque facilmente reconhecido pelos resíduos (fezes), de forma bem característica, que lançam para fora da madeira atacada; "cupins–de-solo" desenvolvem a colônia no solo, mas escavam túneis para chegar à fonte de alimento, ou seja, a própria madeira na superfície; "cupins-arborícolas" desenvolvem a colônia acima do solo em algum apoio de superfície, geralmente uma árvore, mas podem também fazê-los em forros e telhados.

As brocas-de-madeira (***coleópteros:*** do grego = asas estojo) são pequenos besouros ou gorgulhos que atacam a madeira quando em sua fase de larva.

Atingindo a fase adulta, elas perfuram a madeira e saem para o mundo externo, por isso o ataque é geralmente percebido como pequenos orifícios espalhados na superfície da madeira.

As brocas não são insetos sociais, mas fazem parte de um grupo formado por milhares de espécies. Diferentes grupos de brocas atacam a madeira também em diferentes fases de seu beneficiamento, desde a árvore viva, sendo classificadas como "brocas que atacam a árvore viva", "brocas que atacam a árvore recém-abatida", "brocas que atacam a madeira durante a secagem" e "brocas que atacam a madeira seca".

b) **Fungos** são organismos que necessitam de compostos orgânicos como fonte de alimento, compostos esses muito presentes na madeira. Os fungos que utilizam os componentes da madeira como alimento são chamados *fungos xilófagos*. São classificados em "fungos emboloradores e manchadores" e "fungos apodrecedores" (podridão branca, podridão parda e podridão mole)[18] (Figura 9).

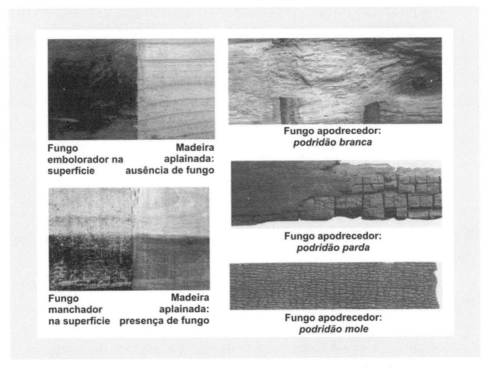

Figura 9 – Exemplos de fungos xilófagos. Fonte: adaptada de IPT (2001).

---

18 *Idem* nota 17.

Os *fungos emboloradores* provocam uma alteração na superfície da madeira, conhecida popularmente como bolor. Já os *manchadores* provocam manchas profundas no alburno, manchas essas que resultam da presença de pigmentos nos filamentos dos fungos ou que deles são liberados. Sua ocorrência, conhecida como mancha azul, é responsável por consideráveis prejuízos de ordem estética na madeira. As propriedades mecânicas da madeira são pouco alteradas pelo ataque de fungos emboloradores e manchadores, exceto quando esse ataque é muito intenso. Neste caso, sua presença ocorre em madeira verde ou com alto teor de umidade (acima de 30%).

Os *fungos apodrecedores* são responsáveis por profundas alterações nas propriedades físicas e mecânicas da madeira, como:

- *podridão branca*, que degrada todos os componentes químicos estruturais da madeira (a região atacada torna-se esbranquiçada e esponjosa e pode ser demarcada por linhas escuras);

- *podridão parda*, em que a madeira atacada apresenta fissuras perpendiculares e paralelas às fibras, adquirindo consistência quebradiça e uma coloração pardo-escura;

- *podridão mole*, uma característica em que a peça atacada, quando úmida, apresenta superfície amolecida e, quando seca, apresenta superfície escura e pequenas fissuras perpendiculares e paralelas às fibras. O ataque se restringe à superfície da peça, não penetrando mais que 20 centímetros.

Nas Fichas de Madeira (item "Durabilidade Natural") são colocados graus de resistência apresentáveis pelas espécies aos ataques de insetos e fungos xilófagos.

c) **Resistência ao sol** está ligada, sobretudo, ao problema de fotodescoloração. A mudança de cor na madeira resulta da ação de agentes externos nos seus componentes, especialmente a radiação ultravioleta, que provoca a deterioração dos elementos constitutivos da madeira, destacando-se a lignina[19].

---

19 Lignina é um composto responsável pela resistência da celulose, envolvendo e ligando as células. A celulose, por sua vez, é a substância constituinte das membranas das células vegetais. Ela apresenta inúmeros empregos industriais.

A ação da luz ultravioleta aparece na madeira de forma essencialmente superficial. Quando a sua cor se altera pela exposição ao sol, ela tende para o amarelo, marrom, vermelho ou, em menor escala, para o preto. Os efeitos resultantes da diminuição do volume são menos importantes: madeira exposta a intempéries pode perder em 100 anos cerca de 6 a 7 milímetros de sua espessura[20].

Pesquisas vêm sendo realizadas pelo IBAMA e UnB (Universidade de Brasília)[21] em busca de sistemas de colorimetria das espécies de madeira e de suas alterações de cor. Algumas espécies já foram estudas quanto às mudanças de cor após exposição ao sol e serão apresentadas nas Fichas de Madeira, no item "Cor da madeira envelhecida".

d) **Facilidade de tratamento** está ligada ao grau de permeabilidade apresentado pela madeira às substâncias preservativas. Tratar ou preservar a madeira é, na verdade, proporcionar o aumento de sua resistência aos organismos deterioradores, pela aplicação de substâncias químicas preservativas. Ditas substâncias podem ser **produtos oleosos** (essencialmente os derivados de alcatrão de hulha – substância produzida pela destilação de carvão mineral), **produtos oleossolúveis** (misturas complexas de fungicidas e/ou inseticidas à base de compostos orgânicos) e **produtos hidrossolúveis** (mistura de sais metálicos).

Os dados disponíveis trazem resultados de ensaio, em que as amostras de madeira foram submetidas à impregnação de **creosoto** (substância oleosa derivada do alcatrão produzido pela destilação de madeira) e de CCA-A (mistura hidrossolúvel de cobre, cromo e arsênico). Tais substâncias foram aplicadas obedecendo a um método chamado "célula cheia", indicado para a preservação de madeira do grupo das folhosas, em razão da dificuldade de penetração do produto apresentada por essas espécies. O método em apreço consiste na aplicação

---

20 Informações sobre alterações da madeira provocadas pela ação do sol foram extraídas de: IBAMA. *Ação da luz solar na cor de 62 espécies de madeiras da região amazônica*. Instituto Brasileiro do Meio Ambiente e dos Recursos Naturais Renováveis. LPF – Série Técnica n. 22, Brasília, 1991.

21 Informações relativas à resistência ao sol e sistemas de colorimetria podem ser obtidos em: IBAMA, 1991, *Op. Cit.* e GONÇALVES, Joaquim C.; MACEDO, D. G. Colorimetria aplicada à madeira de eucalipto. In: *II MADETEC* – Seminário de produtos sólidos de madeira de eucalipto. SIF – Sociedade de Investigações Florestais e Universidade Federal de Viçosa, Belo Horizonte, set., 2003.

de um vácuo inicial, a fim de permitir a deposição da substância preservativa não somente nas paredes, mas também no lúmen (interior) das células. A aplicação dessas substâncias preservativas, feita sob pressão, assim como o uso do vácuo, é uma tarefa realizada em ambiente hermeticamente fechado, por meio de autoclave (câmara metálica, cilíndrica ou retangular).

Nem todas as espécies mencionadas neste manual apresentam dados sobre facilidade de tratamento[22]. As informações existentes ou relevantes são colocadas no item "Observações" das Fichas de Madeira.

2.2.3 Processos de fabricação

A *trabalhabilidade*, ou seja, a forma de a madeira se comportar quando submetida aos processos de fabricação, é definida qualitativamente com o objetivo de, ao mesmo tempo que identificar o grau de *facilidade* apresentado por cada espécie quando trabalhada em máquinas ou ferramentas manuais, conhecer, por outro lado, a qualidade do *resultado* obtido nesse trabalho.

Informações sobre a trabalhabilidade das espécies podem ser encontradas em diversas fontes[23], mas nem sempre elas são apresentadas de forma organizada ou padronizada.

Da análise dos dados existentes, verifica-se que a trabalhabilidade da madeira pode ser observada em três grupos básicos de processos:

1) **Usinagem**: processo realizado com o auxílio de máquina ou ferramenta sobre a madeira bruta (nessa categoria encontram-se dados sobre trabalhos executados na *serra*, *plaina*, *furadeira* e *torno*);

2) **União**: adesão ou ligação de peças de madeira entre si ou com outros materiais (os dados existentes dizem respeito ao processo de *colagem* ou de fixação com *prego*);

---

[22] Informações complementares sobre os processos de tratamento podem ser obtidas em: IPT, 2001 *Op. cit.*; ZENID, G. J., 2002, CD-Rom, *Op. cit.*; IBDF. **Madeiras da Amazônia, características e utilização**. Volume II – Estação Experimental de Curuá-Una. Instituto Brasileiro de Desenvolvimento Florestal. Brasília, 1988.

[23] IBAMA, 2002. *Op. Cit.*; IPT. ZENID, G. J., 2002, CD-Rom, *Op. Cit.*; IBDF, 1988 *Op. Cit.*; SCTDE. **Madeiras: material para o design**. Secretaria da Ciência, Tecnologia e Desenvolvimento Econômico do Estado de São Paulo, 1997.

3) **Acabamento**: etapa final do processo de fabricação (os dados apresentados dizem respeito à qualidade do acabamento feito com *lixa* ou *polimento* e à qualidade da aplicação de *pintura* ou *verniz*).

Esses processos foram observados em relação a aspectos de *facilidade* de trabalho e qualidade do *resultado* obtido. Eles são apresentados nas Fichas de Madeira de acordo com os seguintes conceitos: facilidade – "muito fácil", "fácil", "regular", "difícil"; resultado – "ótimo", "bom a ótimo", "bom", "regular", "ruim", "muito ruim"[24].

Quando necessário, outras observações específicas são apresentadas, por exemplo, algumas madeiras necessitam de perfuração antes da união com pregos, neste caso, aparecerá a citação "exige perfuração prévia".

2.2.4 Estabilidade

Estabilidade é o parâmetro que permite avaliar a segurança do material durante um certo tempo ou sua inalterabilidade em determinado uso. Três aspectos podem ser considerados: estabilidade *mecânica*, *térmica* e *higrométrica*.

A madeira será estável mecanicamente se resistir, de forma durável, aos esforços mecânicos aos quais ela seja submetida em sua vida útil. Desta forma, a dureza (ver Fichas de Madeira) é a principal propriedade que permite avaliar sua estabilidade. Isso significa que quanto mais dura a madeira, mais estável ela se apresentará do ponto de vista da estabilidade mecânica.

No que tange à estabilidade térmica – medida pela capacidade de absorver e emitir calor – a madeira é considerada um material estável, já que o seu coeficiente de dilatação é baixo, comparado ao do aço. A dilatação implica em variações dimensionais que, no caso da madeira, são importantes apenas nos usos da construção civil.

Em contrapartida, a estabilidade higrométrica da madeira deve ser considerada tanto para a construção civil quanto para uso em objetos e acabamentos, estabilidade essa que é avaliada por meio das mudanças (aumento de volume e

---

24 O termo "moderadamente fácil (ou difícil)" encontrado na bibliografia foi substituído por "regular", assim como "muito boa" e "excelente" foram trocados por "ótimo".

contração) provocadas pela absorção de umidade. Portanto, quanto maior o índice de contração (ver Fichas de Madeira) apresentado por determinada espécie, menor será sua estabilidade higrométrica.

A estabilidade é uma característica que também influencia a resistência da madeira aos fungos e insetos, assim como a facilidade de impregnação e retenção das substâncias preservativas.

2.3 Limites de mercado

2.3.1 Aceitabilidade da diversidade de espécies

Um dos limites de mercado mais significativos ligados ao setor de madeira diz respeito aos hábitos de consumo de determinadas espécies de madeira, demonstrados tanto por comerciantes quanto por distribuidores. O consumidor final também demonstra preferência à uniformidade de uso de certas espécies, uso este direcionado pela moda, assim como pelo emprego tradicional da madeira em determinadas peças.

De acordo com dados do Instituto Nacional de Pesquisas Amazônicas – INPA, o Brasil dispõe, na Região Amazônica, de mais de 4 mil espécies madeireiras, das quais 256 têm algum significado econômico. Desse total, apenas 50 espécies são comercializadas em volume significativo[25]. A preferência por estas últimas, mais conhecidas e apreciadas pelo mercado, não está ligada somente à qualidade da madeira, mas também aos hábitos de consumo e ao desconhecimento sobre as qualidades de outras espécies.

Contudo, o emprego de um maior número de espécies, aproveitando a diversidade apresentada pela floresta, é condição básica para o sucesso dos programas de manejo sustentável em florestas nativas. Neste sentido, esforços vêm sendo feitos para estimular a ampliação do conhecimento sobre variadas espécies, fazendo com que a "moda" passe a incorporar o uso da diversidade de

---

[25] Esses dados são apresentados em IBDF/IPT/INPA. *Padronização da Nomenclatura Comercial Brasileira das Madeiras Tropicais Amazônicas* – Sugestão – IBDF, 1987, citado em IBAMA. *Novas perspectivas de utilização da cor da madeira amazônica e seu aproveitamento comercial*. Instituto Brasileiro do Meio Ambiente e dos Recursos Naturais Renováveis. LPF – Série Técnica n. 7, Brasília, 1989.

madeiras, não mais a adoção de algumas espécies determinadas, que estarão ameaçadas de extinção, como é o caso do jacarandá-do-pará (*Dalbergia* spp.), da cerejeira (*Amburana acreana*), da castanheira (*Bertholletia excelsa*) e do mogno (*Swietenia macrophylla*), para citar algumas espécies.

No que se refere às madeiras plantadas (a maioria originária de outros países), situação semelhante ocorre, já que essas espécies vêm aumentar a lista de alternativas disponíveis. O eucalipto (*Eucalyptus* spp.), por exemplo, apresenta uma variedade de espécies com cores e características distintas. Outras espécies têm sido hoje cultivadas no país em maior ou menor escala de produção: pinus (*Pinus elliottii*), araucária ou pinho-do-paraná (*Araucaria angustifolia*) – conífera originária do Brasil –, teca (*Tectona grandis*), grevilea (*Grevillea robusta*), cedro-australiano (*Toona ciliata*).

2.3.2 Fatores econômicos globais

O uso da madeira apresenta numerosas vantagens em termos econômicos.

Na Amazônia, por exemplo, a atividade madeireira gera, em média, 15% do PIB regional e emprega 5% da população ativa – índice elevado para o setor de madeira, que absorve em média 2% da mão de obra nacional, segundo dados do IBGE[26]. O setor florestal ali ainda é certamente o mais rentável, se comparado à agricultura e à pecuária, proporcionando um retorno econômico da ordem de 33% em regime de manejo florestal sustentável. Os benefícios para a sociedade advindos das florestas são evidentes e foram destacados pela FAO em seu último relatório de 2020: grande parte da sociedade tem alguma interação com as florestas e sua biodiversidade e todas as pessoas se beneficiam de seus recursos, seja nos ciclos de carbono, água e nutrientes, seja em atividades produtivas de subsistência, segurança alimentar e saúde humana[27]. Além disso, as condições climáticas e geológicas da região são muito desfavoráveis para a agricultura, pois os solos de

---

26 Os dados foram apresentados em um seminário organizado pelo Banco Mundial em 1999 em Manaus: BANCO MUNDIAL PPG7. *I Workshop Produção Sustentável de madeira na Amazônia:* Oportunidades de Negócio – Relatório Final. Manaus, 4-6 out., 1999.

27 Dados levantados pelo Instituto do Homem e do Meio Ambiente da Amazônia – IMAZON e estão no documento: SMERALDI, VERÍSSIMO *et al.*, 1999. *Op. cit.*, foram corroborados no relatório *States of the word's Forest 2020: Forests, biodiversity and people* publicado e disponibilizado na Internet em 2020 pela FAO: http://www.fao.org/3/ca8642en/CA8642EN.pdf.

aproximadamente 90% da Amazônia são ácidos e quimicamente pobres. As chuvas e a umidade também constituem uma barreira natural para o desenvolvimento da agricultura, praticável em apenas 17% do território considerado "Amazônia relativamente seca", com níveis de precipitação pluviométrica inferiores a 1.800 milímetros por ano. A agricultura é, portanto, muito reduzida na região e, segundo dados do IBGE, 1/5 das áreas de agricultura (16,5 milhões ha) já teriam sido abandonadas. Por outro lado, com relação à atividade de pecuária, o rendimento econômico é baixo, fixando-se na faixa de 4% e a contribuição no PIB local aparece abaixo de 10%. O rendimento bruto é cinco vezes inferior ao do setor florestal, que emprega quase o dobro da mão de obra, sem contar que a contribuição tributária potencial do setor florestal em comparação ao de pecuária é de 9 para 1[28]. Por fim, a atividade de manejo florestal sustentável na Amazônia permite, além da exploração de madeira, a extração de óleos, fibras, corantes, resinas, plantas medicinais e alimentos, realizadas por 1,5 milhão de pessoas da região. Cabe lembrar que a conservação da floresta, por meio de um manejo controlado, contribui para a regulação climática, inclusive em âmbito mundial, como é sabido, também para a preservação de bacias hidrográficas e a manutenção da biodiversidade de fauna e flora.

Entretanto – convém assinalar – meios de previsão do aumento da demanda são necessários e, assim também, o acompanhamento do aumento de oferta, sob pena de depararmo-nos com um novo desequilíbrio, colocando em risco todo o programa de manejo florestal sustentável e a preservação das florestas nativas.

O uso de madeira oriunda de florestas plantadas contribui significativamente para reduzir o impacto e a pressão de consumo sobre as florestas nativas.

A demanda mundial por produtos florestais (celulose, papel, carvão, produtos de madeira maciça e produtos secundários, e produtos de madeira processada) é crescente, e nos últimos 20 anos foi da ordem de 6,6% ao ano. Para suprir essa demanda, grande parte da produção deverá vir de florestas plantadas, sendo 80% do potencial de fornecimento localizado em países tropicais do hemisfério sul[29].

---

28 Informações colocadas pelos pesquisadores do Instituto do Homem e do Meio Ambiente da Amazônia – IMAZON em uma reportagem de 2000: VERÍSSIMO, Adalberto; ARIMA, Eugenio; BARRETO, Paulo. A derrubada de mitos Amazônicos. **Folha de São Paulo**, Caderno Mais, 28 maio 2000.

29 Informações divulgadas pela FAO em 2007. FAO. **Global Wood and Wood Products Flow**: Trends and Perspectives. Advisory Committee on Paper and Wood Products. Food and Agriculture Organization of the United Nations. Shanghai, 2007.

Até 2003, as florestas plantadas abasteciam 25% da indústria de processamento mecânico da madeira (transformação de madeira sólida, painéis, compensados e componentes de mobiliário), mas o país apresenta grande potencial para ampliar sua produção, já que possui uma das tecnologias mais avançadas para desenvolvimento de florestas plantadas de rápido crescimento. A produtividade média das florestas plantadas triplicou em pouco menos de três décadas[30] mas, no contexto de um mercado mundial de produtos florestais da ordem de 300 bilhões de dólares (com estimativa de alcance de 450 bilhões de dólares em 2020, segundo a FAO), o Brasil participa com apenas 1%[31]. Por outro lado, em um período de tempo relativamente pequeno, as plantações brasileiras de eucalipto se estabeleceram no mercado internacional de produtos madeireiros. Desde 1998, a qualidade e a aparência da madeira, especialmente do *E. grandis* e do *E. urograndis* (híbrido de *E. urophylla* com *E. grandis*), desenvolvidos no Brasil, têm sido os principais atributos que favoreceram sua exportação[32].

Acrescenta-se, ainda, que o uso da madeira apresenta indubitáveis vantagens econômicas para o setor de construção civil, devido, sobretudo, à redução do prazo de construção, possível em função das facilidades de pré-fabricação de peças e agilidade de montagem, além de apresentar baixo consumo energético para a construção, em comparação com outros materiais, como aço e concreto.

---

30 Sociedade Brasileira de Silvicultura: http://www.sbs.org.br/; AZEVEDO, Tasso Rezende de. Cadeias Produtivas e um Prognóstico do Setor Florestal no Brasil. In: *II MADETEC* – Seminário de Produtos Sólidos de Madeira de Eucalipto, Sociedade de Investigações Florestais e Universidade Federal de Viçosa, Belo Horizonte, 2003. FAO, 2007. *Op. cit.*

31 ASSIS, José Batuíra. Base Florestal de Minas Gerais. In: *II MADETEC* – Seminário de Produtos Sólidos de Madeira de Eucalipto, Sociedade de Investigações Florestais e Universidade Federal de Viçosa, Belo Horizonte, 2003.

32 DONNELLY, Robert H.; FLYNN, Robert G. Reviewing The Global Eucalyptus Wood Products Industry: A Recent Progress Report on Achieving Value Utilization. In: *II MADETEC* – Seminário de Produtos Sólidos de Madeira de Eucalipto, Sociedade de Investigações Florestais e Universidade Federal de Viçosa, Belo Horizonte, 2003.

2.4 Limites de uso

2.4.1 Nomes comuns e nomes científicos

Os nomes das espécies de madeira constituem um limite de uso em razão não só da multiplicidade de espécies existentes, mas também da quantidade de denominações que elas apresentam e que variam enormemente de acordo com a localidade.

Em qualquer região do mundo, os nomes dados a árvores estão relacionados a referências como sabor, cor da madeira, aspecto da casca etc. Sendo assim, uma mesma árvore pode apresentar diversas denominações, o que dificulta sua identificação correta e também seu estudo e comercialização. Alguns trabalhos têm sido desenvolvidos em busca de uma padronização de nomenclatura das madeiras[33], mas a grande semelhança existente entre alguns vegetais impõe a necessidade de se atribuir uma denominação científica (sistema de classificação binomial)[34] que sirva de referência de identificação para a utilização dos nomes comuns.

A nomenclatura científica atualmente adotada baseia-se no sistema de classificação binomial aceito e regido pelo Código Internacional de Nomenclatura Botânica. Binomial porque são necessárias duas palavras para designar uma espécie: a primeira refere-se ao **gênero** (grupo de seres que têm características essenciais iguais) e a segunda relaciona o **epíteto** (sobrenome) específico. O gênero reúne um grupo de espécies, mas o epíteto específico (escrito isoladamente) não tem significado nenhum: é necessário que esteja acompanhado no gênero. O idioma utilizado para denominar as espécies botânicas é o latim, pois este não mais sofre variações. Apenas a primeira letra do gênero deve ser maiúscula e todas as demais minúsculas, escritas em caracteres em itálico. Geralmente, o nome da espécie é seguido do nome do autor que pela primeira vez descreveu a planta (para simplificar, nas Fichas de Madeira foi eliminado o nome do autor). Exemplo: peroba-rosa (***Aspidosperma polyneuron*** Müll.Arg.). O gênero e o autor podem ser abreviados a partir da segunda vez em que é citado no mesmo

---

33 Um exemplo é o trabalho apresentado em IBDF/IPT/INPA, 1987, **Op. cit.**

34 As informações relativas ao sistema de nomenclatura científica são baseadas na classificação binomial para denominar espécie, proposta por Carollus Linnaeus, médico e naturalista sueco, em seu livro ***Species plantarum***, de 1753. Mais informações podem ser obtidas na Sociedade Botânica de São Paulo: https://botanicasp.org/.

trabalho: **A. polyneuron** M. Quando a identificação de uma amostra é feita somente em nível de gênero acrescenta-se "sp." após o nome genérico: **Aspidosperma** sp. Quando é citada uma característica presente em todas as espécies de um gênero, acrescenta-se "spp.": **Aspidosperma** spp. Além do nome científico da espécie, há ainda uma sucessão hierárquica de agrupamentos: Reino, Divisão, Classe, Ordem e Família, esta última mais frequente (não apresentada neste manual): **Aspidosperma polyneuron** Müll.Arg. Apocynaceae.

2.4.2 Elementos celulares

Os elementos celulares formam a estrutura anatômica da madeira, apresentando características úteis para a identificação da espécie em nível macroscópico, sem o auxílio de equipamentos, ou seja, a olho nu ou, no máximo, com a ajuda de uma lupa que multiplica dez vezes a imagem.

As células são dispostas e organizadas no caule em diferentes direções (Figura 5), representadas em três planos principais: **transversal** (perpendicular ao eixo da árvore); **radial** (paralelo ao eixo da árvore e perpendicular aos anéis de crescimento); e **tangencial** (paralelo ao eixo da árvore, tangencial aos anéis de crescimento e perpendicular aos raios). A estrutura anatômica é observada nesses três planos e se distingue entre a) as madeiras das **gimnospermas** (coníferas) e b) as das **angiospermas** (dicotiledôneas – folhosas)[35]:

a) Estrutura anatômica das **gimnospermas** (Figura 10)

As **gimnospermas** apresentam constituição anatômica menos especializada do que as **angiospermas** surgidas posteriormente. Os elementos celulares são:

- **Traqueídes axiais:** células tubulares alongadas e estreitas, mais ou menos pontiagudas, que ocupam até 95% do volume da madeira. Fornecem canais para a passagem de água e sais minerais e conferem sustentação ao caule. Seu comprimento varia de 2 a 6 milímetros, podendo chegar a 10 mm, e são mais longas que as fibras das folhosas. Por isso, a pasta celulósica utilizada na indústria de papel, feita a partir de coníferas, é conhecida como celulose de fibra longa;

---

[35] Informações obtidas em: ZENID, G. J., 2002, CD-Rom, **Op. cit.**

- **Traqueídes radiais:** células tubulares compridas, porém menores que os traqueídes axiais e se dispõem horizontalmente, associadas aos raios. Sua presença é característica em alguns gêneros como em **Pinus** e **Picea** (pinheiro-do-canadá, pinheiro-da-noruega), enquanto que em outros são sempre ausentes, como em *araucaria* (pinheiro-do-paraná);
- **Parênquima axial:** células retangulares curtas e com paredes finas, cuja função é armazenar substâncias nutritivas. Quando ocorrem em *gimnospermas*, são escassas e dispersas no lenho.
- **Raios:** faixas de células parenquimatosas de dimensões variáveis que se estendem no sentido perpendicular ao eixo da árvore. Sua função é armazenar, transformar e conduzir as substâncias nutritivas no sentido transversal. Os raios são finos e se apresentam em fileiras de células.
- **Canais resiníferos:** espaços delimitados por camada de tecido vegetal (*células epiteliais*), tecido esse especializado na produção de resina. Essas células epiteliais vertem seu produto no interior dos canais, que podem ser axiais ou radiais (neste caso, ocorrendo dentro de um raio). São elementos importantes para a distinção de certas madeiras, pois em algumas estão sempre presentes (**Pinus** e **Picea**); e em outras, sempre ausentes (**Araucaria**).

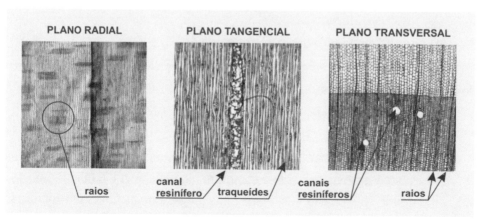

Figura 10 – Planos radial, tangencial e transversal das árvores coníferas (*gimnospermas*).
Fonte: Zenid (2002).

b) Estrutura anatômica das *angiospermas* (Figura 11)

As madeiras de *angiospermas*-dicotiledôneas (folhosas) representam a grande maioria das madeiras nativas brasileiras e possuem uma estrutura anatômica mais complexa e variável do que as das **gimnospermas**. Os elementos celulares são:

- *Vasos* (poros): células que se sobrepõem formando um tubo contínuo no sentido axial, de comprimento indeterminado. Sua função é a condução ascendente de líquidos na árvore. Eles podem ser solitários ou múltiplos com distribuição e disposição variáveis. Os diâmetros e a frequência variam no sentido da medula para a casca e de espécie para espécie. No cerne (lenho não funcional cujas células estão sem atividade), os vasos podem apresentar-se desobstruídos ou obstruídos por substâncias de diferentes naturezas, que podem impedir ou diminuir a permeabilidade da madeira;
- *Fibras*: células tubulares alongadas e estreitas, mais ou menos pontiagudas, e constituem de 20% a 80% do lenho das *angiospermas*, dependendo da espécie. Desempenham a função de sustentação, sendo que a espessura de suas paredes, assim como a quantidade presente, influencia na densidade da madeira. As dimensões das fibras são variáveis na mesma espécie e em espécies diferentes, apresentando comprimento médio de 1 mm. Por isso, a pasta celulósica utilizada na indústria de papel, feita a partir de folhosas, é conhecida como celulose de fibra curta.
- *Parênquima axial:* células retangulares curtas e com paredes finas, cuja função é armazenar substâncias nutritivas. Destacam-se das fibras por apresentarem cor mais clara. A quantidade e arranjo dessas células são muito variáveis entre as diferentes espécies, sendo uma das características mais importantes para a identificação das madeiras. O parênquima apresenta vários tipos que podem ser classificados em três grandes grupos:
    - parênquima *difuso* ou *difuso em agregados (apotraqueal):* quando as células não estão associadas aos vasos;
    - parênquima *vasicêntrico*, *aliforme* ou *confluente (paratraqueal):* quando as células estão associadas aos vasos;

- parênquima em *faixas:* com células associadas ou não aos vasos, ele pode ser em linhas estreitas ou largas, marginal, reticulado, escalariforme ou em tramas.

- *Raios:* faixas de células parenquimatosas de dimensões variáveis, que se estendem no sentido perpendicular ao eixo da árvore. Sua função é armazenar, transformar e conduzir as substâncias nutritivas no sentido transversal. Os raios são uma das características de grande valor para a identificação das madeiras. No plano transversal aparecem como linhas claras cruzando as camadas de crescimento; no plano tangencial são observadas suas alturas e estratificação (nem sempre presentes em todas as espécies, algumas podem apresentar raios não estratificados).

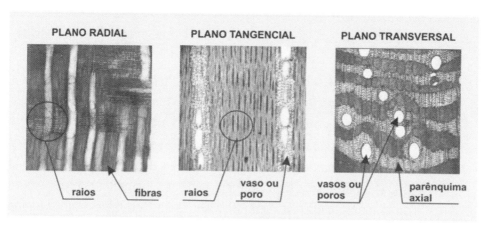

Figura 11 – Planos radial, tangencial e transversal das árvores folhosas (*angiospermas*). Fonte: Zenid (2002).

2.4.3 Características sensoriais

Um dos fatores mais importantes para o uso das madeiras está relacionado às suas peculiaridades sensoriais, ou seja, àquelas percebidas por nossos sentidos. Assim como na anatomia, essas características também são utilizadas para identificar as espécies em nível macroscópico. Os indicadores utilizados para permitir a caracterização sensorial das madeiras são: a) *cor*; b) *grã*; c) *textura*; d) *figura*; e) *brilho*; f) *cheiro* e *gosto*[36].

---

36 Conceituação desses indicadores e metodologia de análise são apresentados em: IBDF, 1988, *Op. cit.*; IBAMA, 2002, *Op. cit.* e ZENID, G. J., 2002, CD-Rom, *Op. cit.*

A identificação das características sensoriais de uma madeira é sempre guiada por uma certa subjetividade, já que as análises se baseiam quase sempre na percepção pessoal do pesquisador. Entretanto, métodos instrumentais e mesmo não instrumentais têm sido adotados para garantir maior precisão e aplicabilidade dos resultados, sobretudo no que concerne à cor. Vejamos esses indicadores:

a) ***Cor*** é um elemento de destaque na madeira e um dos principais parâmetros adotados para escolha e uso de determinada espécie.

Em muitas árvores a cor também diferencia o alburno do cerne (Figura 1). Contudo, a cor dada a uma madeira, normalmente, está relacionada ao seu cerne, parte mais resistente e efetivamente usada como madeira.

Costuma-se dizer que os métodos utilizados para medição ou determinação da cor são comparativos ou quantitativos. O sistema Munsell de cor é o mais conhecido dos métodos comparativos, mas, apesar de ter sido muito usado no Brasil[37], a descrição da cor da madeira obtida pelo sistema é muito imprecisa, pois é auferida pela percepção visual de comparação da madeira a uma tabela pintada em cores que apresenta variação cromática e de claridade.

A colorimetria é a medida da cor obtida por método objetivo e quantitativo, que permite transformar as sensações coloridas percebidas e observadas sem a intervenção da percepção pessoal do pesquisador, mas com a ajuda de um ***espectrofotômetro***. Esse aparelho toma como referência a curva de sensibilidade do olho do observador que, captando os raios luminosos, transforma-os em dados numéricos a fim de que sejam calculados por um computador, permitindo a medição mais objetiva e eficaz da cor da madeira. É um método que vem sendo aplicado desde 1995 e que já começou a ser utilizado no Brasil[38].

b) ***Grã*** é a impressão visual produzida pela direção ou pelo paralelismo dos elementos celulares constituintes da madeira em relação ao eixo longitudinal do tronco. O fio é a imagem de orientação das fibras e permite a classificação da grã em:

---

37 IBAMA, 1991, ***Op. Cit.***
38 Pesquisas sobre a identificação de cores da madeira e o uso da colorimetria foram desenvolvidas em conjunto pelo Departamento de Engenharia Florestal da UnB – Universidade de Brasília e LPF – Laboratório de Produtos Florestais do IBAMA: GONÇALVES, Joaquim C.; MACEDO, D. G., 2003, ***Op. cit.***

– ***direita*** (ou reta): quando a inclinação geral das células longitudinais, em relação à quina da peça, não exceder 3%;

– ***cruzada*** (ou entrecruzada): quando as células longitudinais são inclinadas em diferentes direções em relação ao eixo longitudinal da peça de madeira. Podem se apresentar de forma **ondulada** ou **revessa** (em sentido contrário).

Costuma ocorrer mais de um tipo de grã em árvores de uma mesma espécie, bem como em diferentes amostras de uma mesma árvore ou em uma mesma amostra.

c) ***Textura*** refere-se às dimensões, à distribuição e à abundância relativa dos elementos constituintes da madeira, observadas em plano transversal. A textura da madeira é analisada e classificada nos seguintes tipos:

– textura fina: poros (vasos) com diâmetro inferior a 100 μm (milésimos de milímetro), parênquima axial invisível a olho nu e/ou escasso;

– textura média: poros com diâmetro entre 100 μm e 300 μm e parênquima axial visível ou invisível a olho nu;

– textura grossa: poros com diâmetro superior a 300 μm (madeiras com raios muito largos a extremamente largos e parênquima axial muito abundante também foram referidas como tendo textura grossa, mesmo quando os diâmetros dos vasos eram inferiores a 300 μm).

d) ***Figura*** é uma característica global da madeira que pode ser vista na superfície plana. Ela pode ser avaliada pelos aspectos de diferença de cor provocada pelos anéis ou camadas de crescimento, diferenças de grã ou de brilho ou, ainda, pelo destaque das linhas vasculares, parênquima axial e raios.

e) ***Brilho***, assim como a figura, é uma característica que pode ser vista na superfície plana. Ele é classificado em: "brilho irregular", "brilho ausente", "brilho moderado", "brilho acentuado".

f) ***Cheiro*** e ***gosto*** são características muitas vezes associadas uma a outra. Não existem metodologias específicas para sua identificação e, de acordo com a bibliografia consultada, eles são classificados em: cheiro – "indistinto", "pouco distinto", "característico", "agradável", "desagradável"; gosto – "indistinto", "característico", "amargo", "adocicado", "adstringente".

2.4.4 Usos mais comuns

A classificação dos usos finais das madeiras é baseada em técnicas científicas de **análise de componentes principais**[39] e de comparação das propriedades físicas e mecânicas das madeiras (densidade, contração, flexão estática, compressão, cisalhamento e dureza *Janka*), orientadas por levantamento bibliográfico de espécies tradicionalmente utilizadas para os citados usos, em diferentes partes do mundo.

Em se tratando de construções, as espécies são classificadas em madeiras para uso em "construção pesada", quando o requisito mecânico é considerável, e "construção leve", quando a solicitação mecânica é desprezível[40].

No caso das madeiras para uso em marcenaria, uma análise suplementar é feita baseada na trabalhabilidade e no comportamento da secagem, visando à subdivisão dos grupos de uso em: "móveis e artigos domésticos decorativos", "armações de móveis", "torneados", "brinquedos" e "artigos domésticos utilitários".

Dada a multiplicidade de objetos e peças que podem fazer parte das categorias citadas, optou-se, neste manual, pelo uso de pictogramas, buscando melhor assimilação dos notórios usos a que se presta cada espécie de madeira. O quadro a seguir oferece a classificação de cada pictograma, determinada em função da análise dos dados da bibliografia consultada.

---

39 Análise de componentes principais é uma técnica que permite determinar as propriedades de interligação entre variáveis, reduzindo a complexidade estatística envolvida na análise e conduzindo a modelos analíticos mais fáceis (IBDF, 1988, **Op. cit.**).

40 Subdivisões mais detalhadas também podem ser obtidas em: ZENID, G. J., 2002, CD-Rom, **Op. cit.**

MADEIRAS BRASILEIRAS
Guia de combinação e substituição

Quadro 1 – Pictogramas referentes aos usos das madeiras e descrição

Usos	Descrição
	Estruturas: – tesouras, vigas, pilares, caibros, ripas – pontes, cruzetas, estacas
	Canteiros de obra: – andaimes, formas de concreto
	Assoalhos: – rodapés, tacos, tábuas, **parquets**, escadas
	Revestimentos: – lambris, painéis, molduras, forros
	Esquadrias: – portas, janelas, caixilhos, venezianas
	Móveis: – móveis normais, finos, decorativos, folheados
	Estrutura de móveis e partes internas
	POM (pequeno objeto de madeira): – adornos, torneados, peças decorativas, artigos para escritório
	Ferramentas: – cabo de ferramentas
	Instrumentos musicais
	Embalagens: – caixas, engradados, **paletes**, embalagens leves

⛵	Embarcações: – construção naval, assoalhos e revestimento de barcos, cais para embarcações
🚚	Carrocerias de caminhão, vagões de trem
🐴	Brinquedos e jogos
Outros	Dormentes; tacos de bilhar; esporte; utensílios domésticos; formas para calçado; tamancos; rádio e televisão; bobinas e carretéis; metro de medições; cabo de vassoura; lápis e pincéis; palitos

Fonte: ilustrações da autora.

Quadro 2 – Usos especiais e madeiras mais empregadas

Outros	Madeira
Dormentes	amoreira, jarana, bacuri, fava-amargosa, sucupira, angelim-vermelho, peroba-rosa, jatobá, muirapiranga, roxinho, pequiarana
Tacos de bilhar	macacaúba
Esporte	açacu, pau-marfim
Utensílios domésticos	curupixá, pinho-do-paraná, pau-marfim
Formas para calçado	peroba-rosa
Tamancos	açacu, marupá
Rádio e televisão	jacarandá-do-pará
Bobinas e carretéis	pinus-elioti
Metro de medições	amapá
Cabos de vassoura	pinho-do-paraná, amapá, marupá
Lápis e pincéis	pinho-do-paraná, pinus-elioti
Palitos	marupá, pinho-do-paraná, morototó, pinus-elioti

2.4.5 Conforto de uso

Mais do que qualquer outro material, a madeira exerce agradável influência nas pessoas quando utilizadas, resultado de suas características peculiares: perfume, suavidade ao toque, baixa condutibilidade térmica e aspectos visuais. Trata-se de um material natural que provoca sensação de conforto e bem-estar.

Além disso, a madeira é "ambientalmente saudável", pois é um material energicamente neutro, não possuindo carga elétrica apta a produzir qualquer força em outro corpo e, à diferença de outros materiais (concreto armado, aço), não interfere no campo magnético da atmosfera.

2.4.6 Conforto térmico

Conforto térmico é uma característica importante da madeira quando utilizada na construção civil, visto que é indicada para isolamento térmico. A temperatura superficial de uma parede em madeira é próxima da temperatura ambiente. As "pontes térmicas" estabelecidas pela madeira para transferência de calor são limitadas e a perda de temperatura por emissão de calor é pequena. Por essa razão, a madeira não está sujeita ao fenômeno de condensação em sua superfície (passagem do estado gasoso ao líquido), o que poderia torná-la susceptível ao ataque de fungos.

2.4.7 Conforto acústico

O conforto acústico pode ser avaliado pela propriedade de **isolamento acústico** e **absorção sonora**.

De modo geral, a madeira é um bom isolante acústico, adequado para uso em construção civil como revestimento de paredes, forros e piso. Todavia, no que se refere à propriedade de absorção sonora, a densidade elevada das madeiras, combinada ao aspecto liso de suas superfícies, favorecem a amplificação do fenômeno de reverberação (reflexão) sonora, quando usadas em painéis planos.

2.4.8 Resistência ao fogo

Em caso de incêndio, o comportamento da madeira varia segundo as dimensões e a taxa de umidade, porém, madeiras macias e leves se inflamam mais facilmente que as madeiras duras e densas. Essas informações são importantes, sobretudo quando se utiliza grande volume do material, pois pode tornar-se um importante agente de propagação de fogo. A resistência é avaliada de acordo com o **poder calórico**, a **reação ao fogo**, a **condutividade** e **dilatabilidade térmica** apresentados pela madeira.

O poder calórico de um material é a quantidade de calor que ele libera quando está totalmente queimado. Madeiras pesadas (**densidade aparente** > 750 kg/m^3) têm poder calórico em estado anídrico (quando não contém mais água) da ordem de 4.800 kcal/kg. Mesmo quando uma madeira pesada passa por processo de ignifugação (tornando-se à prova de fogo), ela será classificada "material dificilmente inflamável", jamais "material não inflamável", pois seu poder calórico ainda será muito superior ao limite considerado para os materiais ininflamáveis, que é de 600 kcal/kg.

De outra parte, a reação de um material ao fogo é sua capacidade de inflamar e de propagar o incêndio. A resistência de uma peça de madeira ao fogo depende da rapidez de carbonização, da resistência mecânica ao calor e do isolamento térmico garantido. Madeiras pesadas são consideradas moderadamente inflamáveis.

Não obstante, em relação à condutibilidade e dilatabilidade térmica, madeiras pesadas, mesmo que combustíveis e inflamáveis, possuem uma resistência ao calor muito superior a outros materiais e, por isso, sua condutividade e dilatação térmica são fracas. A madeira transmite calor em uma velocidade 10 vezes mais lenta que o concreto e 250 vezes mais lenta que o aço. Em caso de incêndio, o calor é transmitido lentamente pela madeira. A camada carbonizada, onde a condutividade é muito baixa, protege as camadas internas e diminui o avanço do fogo. Por isso, quando usada de forma estrutural, os elementos de suporte sofrem pouca deformação e se mantêm estáveis, mesmo se o incêndio durar muito tempo.

2.5 Limites de fim de vida

2.5.1 Propriedades tóxicas e resíduos

Em seu estado natural, a madeira não contém substâncias tóxicas. O material pode ser reutilizado várias vezes, fazendo com que os objetos feitos em madeira, móveis, por exemplo, tenham uma duração de vida longa.

Na construção civil, o trabalho de demolição ou transformação de um edifício em madeira é claramente menor do que em edificações de concreto. A eliminação do resíduo é mais simples e menos cara. Várias peças podem ser desmontadas e reutilizadas mesmo sem tratamento.

Se a madeira não servir mais para a construção, pode ainda ser utilizada como fonte de geração de energia a partir de processo de incineração.

2.5.2 Potencial de poluição

A madeira não contém substâncias poluentes nem as produz durante processo de incineração. As substâncias perigosas presentes nos resíduos advêm do emprego de adesivos, vernizes e pinturas.

O questionamento aqui se refere à toxicidade das substâncias usadas como adesivos (normalmente à base de UF – ureia-formaldeído, borracha sintética e solventes alifáticos, PVA – acetato de polivinil e EVA – etilvinilacetato), acabamento (à base de PU – poliuretano/catalisador/solvente) e no processo de produção de painéis – não pelo seu uso propriamente dito, cuja quantidade de substâncias usadas devem ser controladas e são previstas por lei, mas pelo uso de seus resíduos. As resinas adesivas normalmente utilizadas são à base de ureia-formaldeído, de fenol-formaldeído (FF), melamina-formaldeído (MF) ou ureia-formaldeído-melamina. O fenol, por exemplo, é um veneno cáustico de difícil decomposição[41]; o formaldeído, principal componente para a síntese das resinas sintéticas, é uma solução cancerígena. Além disso, os painéis exigem o uso de substâncias outras, como as ignífugas (substâncias químicas usadas para

---

41 Classificado como substância venenosa tóxica (Classe 6 – a) pela Resolução do Conselho Nacional de Trânsito – CONTRAN n. 404, de 21 nov. 1968 que classifica a periculosidade das mercadorias a serem transportadas (CONTRAN, 1968).

diminuir o ponto de combustão), os fungicidas e/ou inseticidas, a parafina usada para dar impermeabilidade ao material.

É preciso, pois, uma atenção maior no reaproveitamento dos resíduos, evitando que danos à saúde humana, poluição atmosférica, da água e do solo sejam produzidos durante sua recuperação, seja em sistema de geração de energia, seja em outros usos, como da serragem na produção de adubos ou em forração de granja.

2.6 Limites legais

2.6.1 Obrigações legais

Como dispõe o Código Florestal[42], as florestas existentes no território nacional e as demais formas de vegetação são bens de interesse comuns de todos os habitantes do país, exercendo-se os direitos de propriedade, com as limitações que a legislação estabelece. As limitações impostas pelo Código vêm cumprir critérios estabelecidos pela Constituição da República, como a proteção do meio ambiente, aí incluída a preservação das florestas, fauna e flora e o combate à poluição em qualquer de suas formas. A Constituição determina, ainda, que deverão ser definidas, em todas as unidades da Federação, espaços territoriais e seus componentes a serem especialmente protegidos. A Floresta Amazônica brasileira, a Mata Atlântica, a Serra do Mar, o Pantanal Mato-Grossense e a Zona Costeira são patrimônios nacionais, e sua utilização far-se-á, na forma da lei, dentro de condições que assegurem a preservação do meio ambiente, inclusive quanto ao uso dos recursos naturais[43].

Para tanto, deverão existir duas situações, assim determinadas pelo Código: "área de preservação permanente" e "reserva legal". Área de preservação

---

42 Lei n. 4.771, de 15 set. 1965: Institui o Novo Código Florestal, publicada no Diário Oficial da União em 16/9/1965, bem como Lei n. 12.651, de 25 maio 2012 que revoga a Lei n. 4.771/1965 (BRASIL, 1965, 2012).

43 Incisos VI e VII do artigo 23; inciso III, VII do § 1º e § 4º do artigo 225 da Constituição da República: http://www.planalto.gov.br/ccivil_03/constituicao/constituicao.htm.

permanente (APP) refere-se ao território protegido[44], coberto ou não por vegetação nativa, com a função ambiental de preservar os recursos hídricos, a paisagem, a estabilidade geológica, a biodiversidade, o fluxo de fauna e flora, proteger o solo e assegurar o bem-estar das populações humanas. Reserva legal diz respeito a áreas localizadas no interior de uma propriedade (podendo ser admitido no cômputo as APP[45]), com a função de assegurar o uso econômico de modo sustentável dos recursos naturais do imóvel rural, auxiliar a conservação e a reabilitação dos processos ecológicos e promover a conservação da biodiversidade, bem como o abrigo e a proteção de fauna silvestre e da flora nativa.

O Código ainda estabelece que, uma vez definidas as áreas de preservação permanente, as florestas e outras formas de vegetação nativa são susceptíveis de supressão, desde que seja mantido, a título de reserva legal, no mínimo[46]:

- 80%, na propriedade rural situada em área de floresta localizada na Amazônia;
- 35%, na propriedade rural situada em área de cerrado localizada na Amazônia;

---

44 São áreas de preservação permanente, definidas nos artigos 3º e 4º do Código Florestal (Lei n. 12.651/2012): florestas e demais formas de vegetação natural, situadas ao longo de faixas marginais de qualquer curso d'água natural, em largura mínima variável; áreas no entorno dos lagos e lagoas naturais, em faixa com largura mínima de 100 e 50 metros em zonas rurais e 30 metros em zonas urbanas; áreas no entorno dos reservatórios d'água artificiais; áreas no entorno das nascentes e dos olhos d'água perenes; encostas com declividade superior a 45°; restingas; manguezais; bordas dos tabuleiros ou chapadas, até a linha de ruptura do relevo, em faixa nunca inferior a 100 metros em projeções horizontais; topo de morros, montes, montanhas e serras, com altura mínima de 100 metros e inclinação média maior que 25°; em altitude superior a 1.800 metros; veredas; nas áreas metropolitanas observar-se-á o disposto nos respectivos Planos Diretores. E ainda, declaradas por ato do Poder Público, áreas de proteção permanente são áreas cobertas com florestas ou outras formas de vegetação destinadas a conter a erosão do solo e mitigar riscos de enchentes e deslizamentos de terra e de rocha; proteger as restingas ou veredas; proteger várzeas; abrigar exemplares da fauna ou da flora ameaçados de extinção; proteger sítios de excepcional beleza ou de valor científico, cultural ou histórico; formar faixas de proteção ao longo de rodovias e ferrovias; assegurar condições de bem-estar público; auxiliar a defesa do território nacional, a critério das autoridades militares; proteger áreas úmidas, especialmente as de importância internacional.
45 Artigo 15 do Código Florestal (Lei n. 12.651, de 25 de maio de 2012).
46 Artigo 12 do Código Florestal (Lei n. 12.651, de 25 de maio de 2012).

- 20%, na propriedade rural situada em área de campos gerais localizada na Amazônia;
- 20%, na propriedade rural situada em área de floresta ou outras formas de vegetação nativa localizada nas demais regiões do país.

A localização da área de reserva legal no imóvel rural deverá levar em consideração: o plano de bacia hidrográfica; o Zoneamento Ecológico-Econômico – ZEE; a formação de corredores ecológicos com outra Reserva Legal, com APP, com Unidade de Conservação ou com outra área legalmente protegida; as áreas de maior importância para a conservação da biodiversidade; e as áreas de maior fragilidade ambiental.

No que concerne à exploração florestal, o Código, em seu Capítulo VII, define que a exploração de florestas nativas e formações sucessoras, de domínio público ou privado, dependerá de licenciamento pelo órgão competente do Sisnama, mediante aprovação prévia de Plano de Manejo Florestal Sustentável – PMFS que contemple técnicas de condução, exploração, reposição florestal e manejo compatíveis com os variados ecossistemas que a cobertura arbórea forme.

O PMFS atenderá os seguintes fundamentos técnicos e científicos:
- caracterização dos meios físico e biológico;
- determinação do estoque existente;
- intensidade de exploração compatível com a capacidade de suporte ambiental da floresta;
- ciclo de corte compatível com o tempo de restabelecimento do volume de produto extraído da floresta;
- promoção da regeneração natural da floresta;
- adoção de sistema silvicultural adequado;
- adoção de sistema de exploração adequado;
- monitoramento do desenvolvimento da floresta remanescente;
- adoção de medidas mitigadoras dos impactos ambientais e sociais.

O PMFS será submetido a vistorias técnicas para fiscalizar as operações e atividades desenvolvidas na área de manejo. O Poder Público poderá estabelecer disposições diferenciadas sobre o PMFS em escala empresarial, de pequena escala e comunitário.

A elaboração dos pressupostos do PMFS resulta de numerosas discussões conduzidas com a participação de pesquisadores, políticos, legisladores, empresários, acadêmicos e representantes de organizações ambientais, desde os anos de 1990. Ações mais objetivas foram determinadas a partir das reuniões com:

- explicitação da periodicidade de realização do inventário florestal e a intensidade da amostragem;
- definição do nível de profundidade alcançado pelo inventário, da regeneração natural da floresta e dos tratamentos silviculturais;
- exigência de ciclo de corte para todas as espécies: significa que o executor do Plano de Manejo Florestal Sustentável poderá obter autorização somente para exploração do talhão, ou seja, a enésima parte da área a ser explorada em ciclos de determinado número de anos. Isso implica uma exploração diversificada de madeira e na agregação de valor da diversidade de espécies, sendo, portanto, necessária a otimização da produtividade natural oferecida pela área em exploração.

Outras medidas foram editadas contribuindo para a exploração adequada das florestas brasileiras, como a proibição da exploração de certas espécies em perigo de extinção ou de importância para realização de atividades extrativistas: castanheira, seringueira[47], pequizeiro e babaçu[48] em instância federal e outras,

---

47 Fica proibido o corte e comercialização da castanheira (**Betholetia excelsa**) e da seringueira (**Hevea** sp.) em florestas nativas, primitivas, ou regeneradas, ressalvados os casos de projetos para a realização de obras de relevante interesse público: artigo 4º do Decreto n. 1.282, de 19 out. 1994 (BRASIL, 1994).

48 Nas áreas revestidas por concentração significativa de babaçu (**Orbygnia** sp.) será permitido o desmatamento de até 30% da propriedade, ressalvando-se as demais áreas protegidas por lei. É proibido o corte e a comercialização do pequizeiro (**Caryocar** sp.) e demais espécies protegidas por normas específicas, nas regiões Sul, Sudeste, Centro-Oeste e Nordeste: artigos 13 e 16, respectivamente, da Portaria n. 113, de 29 dez. 1995 (IBAMA, 1995).

como o ipê e o buriti[49], em instância estadual. Ademais, sanções para o não cumprimento das determinações são definidas na legislação citada e, em especial, em Decreto de 2008[50].

2.7 Limites normativos

2.7.1 Programas da sociedade civil organizada

A estimativa de crescimento de consumo de madeira, conjugada ao grave problema de desmatamento em níveis mundiais, impulsionou o desenvolvimento de um regime de regulamentações florestais em instância internacional.

A ideia surge a partir da "Convenção sobre Mudança do Clima"[51]. A questão das mudanças climáticas chamou especial atenção do G7 que então, em 1992, elaborou uma "convenção sobre conservação e utilização das florestas mundiais", compreendendo quatro eixos de ação[52]:

- agir sob o viés das convenções internacionais;
- agir por meio de cooperações internacionais transfronteiriças;
- agir sob o viés de leis internacionais compulsórias;
- agir por meio da adoção de "legislação branda".

---

49 A Lei Estadual n. 9.743, de 15 dez. 1988, declara de interesse comum, de preservação permanente e imune de corte o ipê-amarelo. A Lei n. 13.635, de 12 jul. 2000, declara o buriti de interesse comum e imune de corte (MINAS GERAIS, 1988, 2000).

50 Decreto n. 6.514, de 22 jul. 2008. Dispõe sobre as infrações e sanções administrativas ao meio ambiente, estabelece o processo administrativo federal para apuração destas infrações, e dá outras providências (BRASIL, 2008).

51 Informações relativas à Convenção-Quadro sobre a Mudança do Clima da ONU podem ser obtidas em https://www.unenvironment.org/pt-br.

52 Informações apresentadas no estudo intitulado "Situação das Florestas do Mundo" págs. 95-99, publicado e disponibilizado na Internet em 1999 pela FAO – http://www.fao.org/forestry/index.jsp em "publication" / "States of the word's forest" (apresentado também em espanhol e francês).

Dita "legislação branda" refere-se aos princípios florestais que paulatinamente devam ser incorporados nas leis nacionais, como, por exemplo, os princípios definidos na Declaração da Rio'92[53]:
- direito soberano das nações para a utilização das florestas;
- estabelecimento de uma política nacional de desenvolvimento sustentável;
- divisão dos custos adicionais entre países mais ricos para a aplicação de políticas de desenvolvimento sustentável.

No que tange à esfera política, o governo federal criou, em 2000, o Programa Nacional de Florestas – PNF[54], englobando três linhas de atuação:
- FLORESTAR – Expansão da Base Florestal Plantada e Manejada;
- SUSTENTAR – Florestas Sustentáveis;
- FLORESCER – Prevenção e Combate a Desmatamentos, Queimadas e Incêndios Florestais.

O objetivo do PNF é colocar a questão florestal como um vetor do desenvolvimento sustentável, buscando para tanto: valorizar o conhecimento científico e empírico na definição dos sistemas de manejo e conservação; adotar práticas de silvicultura que garantam a sustentabilidade socioeconômica e biológica das florestas; consolidar a participação ativa dos agentes econômicos, organizações não governamentais – ONGs ambientais e sociais, governos estaduais e municipais, instituições de ensino e pesquisa, na sua implantação[55].

Sob a óptica da divisão de custos, o Banco Mundial e a ONG WWF – **World Wild Found** elaboraram, em 1996, um programa para a preservação das florestas restantes no mundo. Trata-se do programa "Terra Viva 2000 – Floresta para a vida" que previu o financiamento para a conservação de 10% de cada tipo de

---

[53] PNUE. Declaration of The United Nations Conference on Environment and Development. Rio de Janeiro, jun., 1992. Em português, Declaração do Rio sobre Meio Ambiente e Desenvolvimento: Ministério de Meio Ambiente – http://www.mma.gov.br

[54] O PNF foi criado pelo Decreto n. 3240, de 20 abr. 2000. Mais informações podem ser obtidas no site do Ministério do Meio Ambiente: http://www.mma.gov.br/florestas/programa-nacional-de-florestas

[55] AZEVEDO, 2003. **Op. cit.**

floresta do mundo até 2000 e o financiamento de projetos de exploração sustentável de 200 milhões de ha de florestas no mundo até 2005[56].

De outra parte, a "legislação branda" pode também estar relacionada aos programas de certificações de produtos florestais. Trata-se de iniciativas implantadas por múltiplos parceiros, industriais, ambientalistas e outros representantes da sociedade.

O mais reconhecido sistema de certificação florestal independente em operação no mundo é o FSC – **Forest Stewardship Council**, que por meio de seu programa de certificação florestal no Brasil, em conjunto com agentes envolvidos, havia definido algumas metas:

- a certificação de 20% até 2003 e de 50% até 2005 dos produtos oriundos de florestas na Amazônia;
- a certificação de 100% da produção de florestas cultivadas até 2005.

No início dos anos 2000, cerca de 20% das florestas plantadas no Brasil possuíam o certificado FSC, contribuindo significativamente para a abertura do mercado europeu. Em 2017, o FSC possuía cerca de 7 milhões de hectares certificados na modalidade de manejo em florestas nativas e plantadas, correspondendo a 37% do total de aproximadamente de 18,8 hectares nos quais o Brasil produziu madeira naquele ano[57].

Em 2020, o Brasil ocupou o 6º lugar no *ranking* total do sistema FSC. Isso inclui mais de 7.097.157 certificados em 131 operações de manejo florestal e 1.050 certificados em cadeia de custódia[58].

No que concerne às florestas amazônicas, um "grupo de compradores de madeira certificada" foi criado na ocasião de um seminário realizado em Manaus[59], no qual estiveram presentes diversos representantes do setor público, da sociedade organizada e da indústria. O Grupo foi coordenado pela ONG "Amigos da Terra"[60] e

---

56 *Idem* nota 52.
57 AZEVEDO, 2003. *Op. cit.*; DONNELLY; FLYNN, 2003. *Op. cit.* IBGE, 2017. *Op. cit.*; SANTOS; PELISSARI; SANQUETTA, 2017.
58 Dados apresentados no site do FSC Brasil: http://br.fsc.org/index.htm.
59 BANCO MUNDIAL PPG7, 1999. *Op. cit.*
60 Informações podem ser obtidas nos sites: https://www.wwf.org.br/natureza_brasileira/questoes_ambientais/certificacao_florestal/ e http://www.brasilcertificado.com.br.

formado de grandes, médias e pequenas empresas (como designers-produtores e marceneiros com produção limitada de móveis), assim como de organizações governamentais e governos de Estado.

No âmbito nacional, foi criado o Programa Brasileiro de Certificação Florestal – CERFLOR, que por meio da norma brasileira NBR 15789 (Manejo Florestal – Princípios, Critérios e Indicadores para Florestas)[61], estabelece os parâmetros a serem seguidos para obtenção do certificado. A norma foi desenvolvida sob a coordenação da ABNT, em reuniões realizadas em diversos estados brasileiros – Acre, Mato Grosso, Amazonas e Pará. Além disso, o projeto de norma permaneceu em consulta pública por 90 dias no site da ABNT, contando com diversas contribuições, as quais foram incorporadas à norma. O CERFLOR foi criado com a finalidade de certificar unidades de manejo florestal que utilizam madeira de origem sustentável, manejadas segundo os critérios de sustentabilidade em florestas nativas, atendendo também aos princípios, critérios e indicadores para manejo em florestas plantadas.

---

[61] Ver detalhes em: http://www.abntcatalogo.com.br/norma.aspx?ID=428 e no site do INMETRO: http://www.inmetro.gov.br/qualidade/cerflor.asp

REFERÊNCIAS BIBLIOGRÁFICAS

Livro

ASSIS, J. B. Base Florestal de Minas Gerais. In: II MADETEC – **Seminário de Produtos Sólidos de Madeira de Eucalipto**, Sociedade de Investigações Florestais e Universidade Federal de Viçosa, Belo Horizonte, 2003.

AZEVEDO, T. R. Cadeias Produtivas e um Prognóstico do Setor Florestal no Brasil. In: II MADETEC – **Seminário de Produtos Sólidos de Madeira de Eucalipto**, SIF e UFV, Belo Horizonte, 2003.

BANCO MUNDIAL PPG7. *I Workshop Produção Sustentável de madeira na Amazônia: Oportunidades de Negócio* – Relatório Final. Manaus, 4-6 out., 1999.

BRASIL. Decreto n. 6.514, de 22 jul. 2008. **Dispõe sobre as infrações e sanções administrativas ao meio ambiente, estabelece o processo administrativo federal para apuração destas infrações, e dá outras providências.** Diário Oficial da União, em 23/7/2008.

BRASIL. Decreto n. 1.282, de 19 out. 1994: **Regulamenta os artigos 15, 19, 20 e 21 da Lei 4.771**, de 15 de setembro de 1965, e dá outras providências. Diário Oficial da União, em 20/10/1994.

BRASIL. Lei n. 12.651, de 25 maio 2012, **Dispõe sobre a proteção da vegetação nativa; altera as Leis n.s 6.938, de 31 ago. 1981, 9.393, de 19 dez. 1996, e 11.428, de 22 dez. 2006; revoga as Leis n.s 4.771, de 15 set. 1965, e 7.754, de 14 abr. 1989, e a Medida Provisória n. 2.166-67, de 24 ago. 2001; e dá outras providências**. Diário Oficial da União, em 28/5/2012.

BRASIL. Lei n. 4.771, de 15 set. 1965: *Institui o Novo Código Florestal*. Diário Oficial da União, em 16/9/1965.

CLEMENT, C. R.; HIGUCHI, N. A floresta amazônica e o futuro do Brasil. In: *Ciência e Cultura*, vol.58 n. 3 São Paulo jul./set. 2006.

CONTRAN. Resolução n. 404, de 21 nov. 1968, *classifica a periculosidade das mercadorias a serem transportadas*.

CORADIN, V. T. R.; CAMARGOS, J. A. A.; PASTORE, T. C. M.; CHRISTO, A. G. *Madeiras comerciais do Brasil:* chave interativa de identificação baseada em caracteres gerais e macroscópicos = Brazilian commercial timbers: interactive identification key based on general and macroscopic features. Serviço Florestal Brasileiro, Laboratório de Produtos Florestais: Brasília, 2010. CD-ROM. Disponível em: http://www.florestal.gov.br/informacoes-florestais/laboratorio-de-produtos--florestais/index.php?option=com_k2&view=item&layout=item&catid=109&id=955. Acesso em 29/08/2012.

DONNELLY, R. H.; FLYNN, R. G. Reviewing The Global Eucalyptus Wood Products Industry: A Recent Progress Report on Achieving Value Utilization. In: II MADETEC – *Seminário de Produtos Sólidos de Madeira de Eucalipto*, SIF e UFV, Belo Horizonte, 2003.

FAO. *States of the word's Forest 2009*: Global demand for wood products. Organização das Nações Unidas para a Agricultura e Alimentação, 2009. Disponível em: http://www.fao.org/docrep/011/i0350e/i0350e00.htm. Acesso em: set. 2010.

FAO. *Global Wood and Wood Products Flow:* Trends and Perspectives. Advisory Committee on Paper and Wood Products. Food and Agriculture Organization of the United Nations. Shanghai, 2007.

FAO. ***Global Forest Poducts***: Facts and Figures 2018. Rome, 2019. Disponível em: http://www.fao.org/3/ca7415en/ca7415en.pdf. Acesso em: set. 2020.

FAO; UNEP. ***The State of the World's Forests 2020***: Forests, biodiversity and people. Rome, 2020. Disponível em: https://doi.org/10.4060/ca8642en. Acesso em: fev. 2020.

FERRI, M. G. ***Botânica. Morfologia interna das plantas (anatomia).*** 6ª ed., Edições Melhoramentos, São Paulo, 1978, 113 págs.

GONÇALVES, J. C.; MACEDO, D. G. Colorimetria aplicada à madeira de eucalipto. In: ***II Madetec*** – Seminário de produtos sólidos de madeira de eucalipto. SIF e UFV, Belo Horizonte, set., 2003.

IBAMA. ***Ação da luz solar na cor de 62 espécies de madeiras da região amazônica***. Instituto Brasileiro do Meio Ambiente e dos Recursos Naturais Renováveis. LPF – Série Técnica n. 22, Brasília, 1991.

IBAMA. ***Madeiras Tropicais Brasileiras***. Edições IBAMA, Brasília, 2002.

IBAMA. ***Novas perspectivas de utilização da cor da madeira amazônica e seu aproveitamento comercial***. IBAMA, Série Técnica n. 7, Brasília, 1989.

IBAMA. Portaria n. 113, de 29 dez. 1995: ***Determina que a exploração das florestas primitivas e demais formas de vegetação arbórea, que tenha objetivo principal a obtenção econômica de produtos florestais, somente será permitida através de manejo florestal sustentável***. Diário Oficial da União, em 9/1/1996.

IBAMA/LPF. *Banco de Dados de Espécies de Madeiras Brasileiras*. Instituto Brasileiro do Meio Ambiente e dos Recursos Naturais Renováveis/ Laboratório de Produtos Florestais. Disponível em: http://www.ibama.gov.br/lpf/madeira/default.htm. Acesso em: 29/8/2012.

IBDF. *Madeiras da Amazônia, características e utilização*. Volume II – Estação Experimental de Curuá-Una. Instituto Brasileiro de Desenvolvimento Florestal, Brasília, 1988.

IBDF/IPT/INPA. *Padronização da Nomenclatura Comercial Brasileira das Madeiras Tropicais Amazônicas* – Sugestão – IBDF, 1987.

IBGE. *Censo Agropecuário 2006* – Brasil, Grandes Regiões e Unidades da Federação. Instituto Brasileiro de Geografia e Estatística, 2006, págs. 247-248.

IBGE. *Censo Agropecuário 2017* – Brasil. Rio de Janeiro, 2017. Disponível em: https://www.ibge.gov.br/estatisticas/economicas/agricultura-e-pecuaria/21814-2017-censo-agropecuario.html?edicao=25757&t=sobre. Acesso em: fev. 2020.

IPT. *Informações sobre madeiras*. Disponível em: http://www.ipt.br/consultas_online/informacoes_sobre_madeira/busca. Acesso em: 29/8/2012.

IPT. *Biodeterioração de madeiras em edificações*. Instituto de Pesquisas Tecnológicas, Secretaria da Ciência, Tecnologia e Desenvolvimento Econômico do Estado de São Paulo, São Paulo, 2001.

LPF/IBAMA. *Programas de secagem para madeiras brasileiras*. Laboratório de Produtos Florestais, IBAMA, Brasília, 1998.

MAINERI, C.; CHIMELO, J. P. *Fichas de Características das Madeiras Brasileiras*. IPT – Instituto de Pesquisas Tecnológicas, São Paulo, 1989.

MINAS GERAIS. Lei n. 13.635, de 12 jul. 2000, *Declara o buriti de interesse comum e imune de corte*. Diário do Executivo de Minas Gerais, em 13/7/2000.

MINAS GERAIS. Lei n. 9.743, de 15 dez. 1988, *Declara de interesse comum, de preservação permanente e imune de corte o ipê-amarelo e dá outras providências*. Diário do Executivo de Minas Gerais, em 16/12/1988.

PEREIRA, A. F. *Application des connaissances issues du développement durable, de l'environnement et de la systémique, au design industriel de produits dans une approche de «macroconception»*. Tese de Doutorado, Université de Technologie de Compiègne, Compiègne, França, 2001.

PNUE. *Declaration of The United Nations Conference on Environment and Development*. Rio de Janeiro, jun., 1992. *Declaração do Rio sobre Meio Ambiente e Desenvolvimento*: Ministério de Meio Ambiente – http://www.mma.gov.br/port/se/agen21/ag21global/decl_rio.html.

SANTOS, T. W; PELISSARI, A. L.; SANQUETTA, C. R. Quantificação e distribuição espacial dos certificados florestais FSC no Brasil. **Agrarian Academy**, Goiânia, v. 4, n. 8, 2017.

SCTDE. *Madeiras: material para o design*. Secretaria da Ciência, Tecnologia e Desenvolvimento Econômico do Estado de São Paulo, 1997.

SENAI. *Projeto de Atendimento à Área de Madeira. Planejamento estratégico: capacitação tecnológica para setores estratégicos* – madeira/mobiliário. FIEAC/SENAI, Rio Branco, 1998.

SILVA, J. de C. Eucalipto: desfazendo Mitos e Preconceitos. In: **Revista da Madeira**, n. 69, págs. 52-56, Curitiba, 2003.

SMERALDI, R.; VERÍSSIMO, A. *et al*. *Acertando o Alvo. Consumo de madeira no mercado interno brasileiro e promoção da certificação florestal*. AMIGOS DA TERRA, IMAFLORA, IMAZON, São Paulo, 1999.

VERÍSSIMO, A.; ARIMA, E.; BARRETO, P. A derrubada de mitos Amazônicos. *Folha de S.Paulo*, Caderno Mais, 28 maio 2000.

ZENID, G. J. (Coord.). *Madeiras para Móveis e Construção Civil*. Instituto de Pesquisas Tecnológicas. Secretaria da Ciência, Tecnologia e Desenvolvimento Econômico do Estado de São Paulo, 2002. CD-Rom (IPT – Publicação, 2779). (ISBN: 85-09-00118-9).

ZENID, G. J.; CECCANTINI, G. C. T. *Identificação Macroscópica de Madeiras*. São Paulo: Laboratório de Madeira e Produtos Derivados do Centro de Tecnologia de Recursos Florestais do Instituto de Pesquisas Tecnológicas do Estado de São Paulo, 2012.

Fichas de madeira

CORADIN, V. T. R. *et al*. *Madeiras comerciais do Brasil*: chave interativa de identificação baseada em caracteres gerais e macroscópicos = Brazilian commercial timbers:interactive identification key based on general and macroscopic features. Serviço Florestal Brasileiro, Laboratório de Produtos Florestais: Brasília, 2010. CD-ROM. Disponível em: http://www.florestal.gov.br/informacoes-florestais/laboratorio-de-produtos-florestais/index.php?option=com_k2&view=item&layout=item&catid=109&id=955. Acesso em: 29/8/2012.

IBAMA. *Ação da luz solar na cor de 62 espécies de madeiras da região amazônica*. Instituto Brasileiro do Meio Ambiente e dos Recursos Naturais Renováveis. LPF – Série Técnica n. 22, Brasília, 1991.

IBAMA. *Madeiras Tropicais Brasileiras*. Edições IBAMA, Brasília, 2002.

IBAMA. *Novas perspectivas de utilização da cor da madeira amazônica e seu aproveitamento comercial*. IBAMA, Série Técnica n. 7, Brasília, 1989.

IBAMA/LPF. *Banco de Dados de Espécies de Madeiras Brasileiras*. Instituto Brasileiro do Meio Ambiente e dos Recursos Naturais Renováveis/ Laboratório de Produtos Florestais. Disponível em: http://www.ibama.gov.br/lpf/madeira/default.htm. Acesso em: 29/8/2012.

IBDF. *Madeiras da Amazônia, características e utilização. Volume II – Estação Experimental de Curuá-Una*. Instituto Brasileiro de Desenvolvimento Florestal, Brasília, 1988.

IPT. *Informações sobre madeiras*. Disponível em: http://www.ipt.br/consultas_online/informacoes_sobre_madeira/busca. Acesso em: 29/8/2012.

IPT. *Biodeterioração de madeiras em edificações*. Instituto de Pesquisas Tecnológicas, Secretaria da Ciência, Tecnologia e Desenvolvimento Econômico do Estado de São Paulo, São Paulo, 2001.

LPF/IBAMA. *Programas de secagem para madeiras brasileiras*. Laboratório de Produtos Florestais, IBAMA, Brasília, 1998.

MAINERI, C.; CHIMELO, J. P. *Fichas de Características das Madeiras Brasileiras*. IPT – Instituto de Pesquisas Tecnológicas, São Paulo, 1989.

SCTDE. *Madeiras: material para o design*. Secretaria da Ciência, Tecnologia e Desenvolvimento Econômico do Estado de São Paulo, 1997.

ZENID, G. J. (Coord.). *Madeiras para Móveis e Construção Civil*. Instituto de Pesquisas Tecnológicas. Secretaria da Ciência, Tecnologia e Desenvolvimento Econômico do Estado de São Paulo, 2002. CD-Rom (IPT – Publicação, 2779). (ISBN: 85-09-00118-9).

Informações sobre pau-brasil – *Caesalpinia echinata:*

Banco de Dados de Plantas do Nordeste – *C. echinata*. Disponível em: http://www.cnip.org.br/bdpn/ficha.php?cookieBD=cnip7&taxon=1320. Acesso em: 22/8/2012.

FRANÇA, L. C. A. *et al*. Características tecnológicas da madeira de pau-brasil. In: **EBRAMEM**, UFES/Vitória, 23 a 25 jul. 2012. Disponível em: http://pt.scribd.com/doc/102861388/CARACTERISTICAS-TECNOLOGICAS-DA-MADEIRA-DE-PAU-BRASIL-Caesalpinia-echinata-Lam-PROVENIENTE-DE-REFLORESTAMENTO. Acesso: 22/08/2012.

LORENZI, H. *Árvores brasileiras:* Manual de identificação e cultivo de plantas arbóreas nativas do Brasil. Vol. 1. 4ª ed., Nova Odessa, SP: Instituto Plantarum, 2002.

SILVA, C. A. da. *Análise da composição da madeira de Caesalpinia echinata Lam. (pau-brasil):* subsídios para o entendimento de sua estrutura e resistência a organismos xilófagos. Tese de doutorado, Universidade Estadual de Campinas, 2007.

Fotos Macro de muirapixuna – *Cassia scleroxylon* e pau-santo – *Zollernia paraensis:*

MAINIERI, C. *Manual de identificação das principais madeiras comerciais brasileiras*. Instituto de Pesquisas Tecnológicas do Estado de São Paulo (IPT), 1983.

Apêndice 1

Nomes comuns e científicos: número das fichas no mostruário

Espécie	Outros nomes	Ficha n.
Açacu	açacu-branco, açacu-preto, açacu-vermelho, areeiro, assacú	2
Allantoma lineata	seru, abacaíba, castanha-da-serra, castanheiro-da-serra, ceru, cheru, churu, jequitibá, ripeiro-cheru, tauari	49
Amapá	amapá-amargo, amapá-doce, amaparana, mururé	12
Amburana cearensis	cerejeira, amburana, amburana-de-cheiro, imburana, umburana, cumaru-de-cheiro, angelim	24
Amesclão	amescla, breu, breu-preto, breu-sucuruba, mangue, morcegueira, sucuruba, sucurubeira	11
Amoreira	amoreira-branca, amarelinho, amoreira-de-espinho, jataíba, limãorana, moreira, limorana, pau-amarelo, runa, taiuva, tajuba, tatané, taúba, tatajuba-de-espinho	31
Anadenanthera macrocarpa	angico-preto, angico, angico-preto-rajado, angico-bravo, angico-rajado, angico-vermelho, cambuí-ferro, guarapiraca	67
Anani	anani-da-mata, anani-da-terra-firme, bacuri, bulandi, canadi, guanandi, mani, marupá, oanani, pau-breu, pitiá-de-lagoa, pitomba-de-guariba, uanandi, vanandi	25
Anarcadium spp.	cajuaçu, caju, caju-da-mata, cajuí, cajuí-da-mata	19
Andiroba	aboridã, andiroba-aruba, andiroba-vermelha, carapa, caropá, penaíba	59

MADEIRAS BRASILEIRAS
Guia de combinação e substituição

Angelim-pedra	angelim-pedra, angelim, angelim-amarelo, angelim-da-mata, angelim-do-pará, angelim-macho, mirarema	38
Angelim-vermelho	angelim, angelim-falso, angelim-ferro, dinízia-parda, faveira-dura, faveira-ferro	66
Angico-preto	angico, angico-preto-rajado, angico-bravo, angico-rajado, angico-vermelho, cambuí-ferro, guarapiraca	67
Apuleia leiocarpa	garapa, muirajuba, barajuba, amarelinho, garapeira, gema-de-ovo, grápia, jataí-amarelo	46
Araracanga	araraíba, araraúba-da-terra-firme, jacamim, paratudo-branco, pequiá-marfim, piquiá-marfim-do-roxo	27
Araucaria angustifolia	pinho-do-paraná, pinho, pinho-brasileiro	3
Aroeira	aderne, aderno, gibatão, guaribu-preto, guaritá, muiracatiara	79
Aspidosperma polyneuron	peroba-rosa, amargosa, peroba, perobão, peroba-amarela, peroba-do-sul, peroba-mirim, peroba-rajada	16
Aspidosperma desmanthum	araracanga, araraíba, araraúba-da-terra-firme, jacamim, paratudo-branco, pequiá-marfim, piquiá-marfim-do-roxo	27
Aspidosperma macrocarpon	muirajuçara, balsinha, bucheira, guatambu, moela-de-ema, panaceia, pau-pereira, pereira, pereiro-do-campo, peroba-amarela, peroba-amarga, peroba-cetim, peroba-mico	52
Astronium gracile	aroeira, aderne, aderno, gibatão, guaribu-preto, guaritá, muiracatiara	79
Astronium lecointei	muiracatiara-rajada, aderno-preto, gonçaleiro, baracatiara, maracatiara, sanguessugueira, muiraquatiara	80
Astronium ulei	muiracatiara	83
Bacuri	bacori, bacuri-açu, bacuri-amarelo, bulandim, pacouri, pacuru	44
Bagassa guianensis	tatajuba, amarelão, bagaceira, cachaceiro, garrote	28

Balfourodendron riedelianum	pau-marfim, farinha-seca, gramixinga, guataia, marfim, pau-liso, guatambu, pequiá-mamona, pequiá-mamão, pau-cetim	21
Bertholletia excelsa	castanheira-rosa, castanheiro, noz-do-brasil, castanha-do-maranhão, castanha-do-pará, castanha-verdadeira, amendoeira-da-américa, castanha, castanha-do-brasil	58
Bowdichia nitida	sucupira, sucupira-preta, sapupira, cutiúba, macanaíba, sucupira-amarela, sucupira-da-mata, sucupira-pele-de-sapo, sucupira-vermelha	74
Brosimum parinarioides	amapá, amapá-amargo, amapá-doce, amaparana, mururé	12
Brosimum acutifolium	mururé, inharé, mercúrio-vegetal, muirapiranga, muré-da-terra-firme, muriri, mururé-da-terra-firme, mururé-branco	50
Brosimum spp.	muirapiranga, amaparana, amapá-amargoso, amapá-doce, conduru, conduru-vermelho, pau-brasil, falso-pau-brasil, muirapiranga-vermelha, pau-rainha, pau-vermelho	85
Buchenavia spp.	tanimbuca, cuiarana, capitão-amarelo, cinzeiro, cuia, mirindiba, tanimbuca	41
Cabreúva-parda	bálsamo, braúna, caboré, caboreíba, caboretinga, caboriba, cabreúna, cabriúva, cabrué, cachaceiro, conduru-de-sangue, miroé, pau-bálsamo, óleo-pardo, quinaquina	72
Cabriúva-vermelha	bálsamo, cabreúva, cabriúva, óleo-balsa, óleo-de-bálsamo, óleo-pardo, óleo-vermelho, pau-de-bálsamo, quina-quina, sangue-de-gato	82
Caesalpinia echinata	pau-brasil, ibirapitanga, orabutã, brasileto, ibirapiranga, ibirapita, ibirapitã, muirapiranga, pau-rosado, pau-de-pernambuco	86
Cajuaçu	caju, caju-da-mata, cajuí, cajuí-da-mata	19

MADEIRAS BRASILEIRAS
Guia de combinação e substituição

Calophyllum brasiliense	guanandi, jacareúba, cachincarmo, cedro-do--pantano, cedro-mangue, guanandi, guanandi--carvalho, guanandi-cedro, guanandi-piolho, guanandi-rosa, jacareúba, landi, landim, mangue, oladim	65
Camaçari	alfinim, amescuçu, bacupari, camaçari-da--bahia, camaçari-vermelho, caraipa, gororoba, macucu, tamacoaré, tamacoari, tamanquaré, tamanquarembo	56
Caraipa densifolia	camaçari, alfinim, amescuçu, bacupari, camaçari--da-bahia, camaçari-vermelho, caraipa, gororoba, macucu, tamacoaré, tamacoari, tamanquaré, tamanquarembo	56
Carapa guianensis	andiroba, aboridã, andiroba-aruba, andiroba--vermelha, carapa, caropá, penaíba	59
Cariniana micrantha	jequitibá-rosa, castanha-de-macaco, castanha--vermelha, jequitibá-do-brejo, matamatá-vermelho, taanuari, taauari, tanari, tauari, tauari-vermelho	63
Caryocar glabrum	pequiarana, piquiarana, cabeleira, jiqui, pequi, pequiá, piquiarana-da-terra-firme, piquiarana--vermelha	7
Caryocar villosum	pequiá, amêndoa-de-espinho, grão-de-cavalo, piqui, piquiá, pequiá-verdadeiro, pequiarana	33
Cassia scleroxylon *Chamaecrista scleroxylon*	muirapixuna, coração-de-negro	89
Castanheira	castanheira-rosa, castanheiro, noz-do-brasil, castanha-do-maranhão, castanha-do-pará, castanha-verdadeira, amendoeira-da-américa, castanha, castanha-do-brasil	58
Cedrela spp.	cedro, cedro-amargo, cedro-amargoso, cedro--batata, cedro-cheiroso, cedro-do-amazonas, cedro--manso, cedro-rosa, cedro-verdadeiro, cedro--vermelho	37
Cedrelinga catenaeformis	cedrorana, cedrarana, cedro-branco, cedroarana, cedromara, cedrorama, taperibá-açu	18

Cedrinho	cedrinho, quarubarana, bruteiro, cambará, cachimbo-de-jabuti, jaboti-da-terra-firme, quaruba--vermelha, quarubatinga, verga-de-jabuti	69
Cedro	cedro-amargo, cedro-amargoso, cedro-batata, cedro-cheiroso, cedro-do-amazonas, cedro-manso, cedro-rosa, cedro-verdadeiro, cedro-vermelho	37
Cedrorana	cedrarana, cedro-branco, cedroarana, cedromara, cedrorama, taperibá-açu	18
Ceiba pentandra	sumaúma, árvore-de-lã, ceiba, paina-lisa, paineira, sumaúma-barriguda, sumaúma-da-várzea	10
Cerejeira	amburana, amburana-de-cheiro, imburana, umburana, cumaru-de-cheiro, angelim	24
Clarisia racenosa	guariúba, catruz, guariúba-amarela, gameleiro, oiti, oiticica	30
Copaíba	óleo, copaíba-preta, copaíba-vermelha, copaibeira, óleo-de-copaíba, pau-d'óleo, óleo-pardo	57
Copaifera spp.	copaíba, óleo, copaíba-preta, copaíba-vermelha, copaibeira, óleo, óleo-de-copaíba, pau-d'óleo, óleo-pardo	57
Cordia goeldiana	freijó, frei-jorge, freijó-branco, freijó-rajado, louro--freijó, freijó-verdadeiro, cordia-preta	43
Couratari spp.	tauari, imbirema, tauari-amarelo, tauari-morrão, estopeiro	8
Cumaru	baru, champagne, cumaru-ferro, cumaru-da-folha--grande, cumbari, ipê-cumaru, sarrapia	73
Cupiúba	bragantina, cachaceiro, copiúba, cupuba, cutiúba, peniqueiro, peroba-bosta, peroba-do-norte, peroba--fedida, peroba-fedorenta, perobinha, tento	51
Curupixá	abiorana-mangabinha, abiú-guajará, gogó-de--guariba, guajará, grumixá, grumixava, rosadinho	15
Dalbergia nigra	jacarandá-do-pará, jacarandá-preto, jacarandá, jacarandá-caviúna, jacarandá-da-bahia	88
Dinizia excelsa	angelim-vermelho, angelim, angelim-falso, angelim--ferro, dinízia-parda, faveira-dura, faveira-ferro	66

MADEIRAS BRASILEIRAS
Guia de combinação e substituição

Diplotropis purpúrea	sucupira-da-terra-firme, sucupira, bom-nome, cutiúba, cutiubeira, macanaíba, paricarana, sapupira, sebipira, sicupira, sucupira-amarela, sucupiraçu, sucupira-parda, sucupira-pele-de-sapo	48
Dipteryx odorata	cumaru, baru, champagne, cumaru-ferro, cumaru-da-folha-grande, cumbari, ipê-cumaru, sarrapia	73
Embira-preta	envira-preta	39
Endopleura uchi	uxi, axuá, cumatê, paruru, pururu, uxi-pucu, uxi-liso, uxi-verdadeiro.	61
Enterolobium maximum	tamboril, fava-bolacha, fava-orelha-de-negro, faveira-tamboril, faveira-grande, monjolo, timbaúba	47
Enterolobium schomburgkii	orelha-de-macaco, angelim-rosca, fava-orelha-de-negro, faveira-de-rosca, faveira-dura, orelha-de-gato, timbaúba, timbó-da-mata, cambuí-sucupira, fava-bolota	36
Eriotheca longipedicellata	munguba-grande, munguba-grande-da-terra-firme, mamorana-da-terra-firme, sumaúma-da-terra-firme, sumaúma-vermelha	13
Erisma uncinatum	cedrinho, quarubarana, bruteiro, cambará, cachimbo-de-jabuti, jaboti-da-terra-firme, quaruba-vermelha, quarubatinga, verga-de-jabuti	69
Eschweilera coriacea	matamatá-preto, biribá, biribí, castanheira-das-águas, estopeiro, ibibarana, morão-vermelho, sapucaia-cheirosa, tauari-preto	42
Eucalipto-citriodora	eucalipto	70
Eucalipto-grandis	eucalipto	17
Eucalipto-saligna	eucalipto	34
Eucalyptus citriodora	eucalipto	70
Eucalyptus grandis	eucalipto	17
Eucalyptus saligna	eucalipto	34
Euxylophora paraensis	pau-amarelo, amarelão, amarelo, amarelo-cetim, cetim, limãorana, muiratanã, pau-cetim	22

Fava-amargosa	amargoso, angelim-amargoso, faveira, faveira--amargosa, faveira-bolacha	62
Faveira-branca	arara-tucupi, atanã, benguê, camurim, fava-bolota, fava-de-tucupi, faveira, faveira-vermelha, paricá--grande-da-terra-firme, visgueiro, visgueiro-da--terra-firme	6
Freijó	frei-jorge, freijó-branco, freijó-rajado, louro-freijó, freijó-verdadeiro, cordia-preta	43
Garapa	muirajuba, barajuba, amarelinho, garapeira, gema--de-ovo, grápia, jataí-amarelo	46
Goiabão	abiu-casca-grossa, abiurana, abiurana-amarela, abiurana-goiaba	26
Goupia glabra	cupiúba, bragantina, cachaceiro, copiúba, cupuba, cutiúba, peniqueiro, peroba-bosta, peroba-do--norte, peroba-fedida, peroba-fedorenta, perobinha, tento	51
Guanandi	jacareúba, cachincarmo, cedro-do-pantano, cedro--mangue, guanandi-carvalho, guanandi-cedro, guanandi-piolho, guanandi-rosa, landi, landim, mangue, oladim	65
Guariúba	catruz, guariúba-amarela, gameleiro, oiti, oiticica	30
Hura crepitans	açacu, açacu-branco, açacu-preto, açacu-vermelho, areeiro, assacú	2
Hymenaea courbaril	jatobá, jutaí-açu, copal, courbaril, jataí, jutaí, jutaí--grande, quebra-machado	60
Hymenolobium spp.	angelim, angelim-amarelo, angelim-da-mata, angelim-do-pará, angelim-macho, mirarema	38
Imbuia	canela-imbuia, embuia, imbuia-amarela, imbuia--clara, imbuia-parda, imbuia-rajada, imbuia--branzina	75
Ipê	ipê-amarelo, ipê-do-cerrado, ipeúva, pau-d'arco, pau-d'arco-amarelo, peúva	78
Itaúba	itaúba-abacate, itaúba-amarela, itaúba-grande, itaúba-preta, itaúba-verdadeira, itaúba-vermelha, louro-itaúba	77

MADEIRAS BRASILEIRAS
Guia de combinação e substituição

Jacaranda copaia	parapará, carnaúba, caroba, copaia, caroba-do--mato, caroba-manacá, marupá-falso, simaruba--falsa	5
Jacarandá-do-pará	jacarandá-preto, jacarandá, jacarandá-caviúna, jacarandá-da-bahia	88
Jacarandá-paulista	jacarandá-pardo, jacarandá-pedra, jacarandá, jacarandá-amarelo, jacarandá-escuro, jacarandá-tã--do-mato, jacarandá-do-mato, jacarandá-cerradão	71
Jarana	castanha-jarana, imbaíba-de-rego, inhaíba, inuíba--vermelha, jarana-da-folha-grande, jarana-da-folha--miúda	29
Jatobá	jutaí-açu, copal, courbaril, jataí, jutaí, jutaí-grande, quebra-machado	60
Jequitibá-rosa	castanha-de-macaco, castanha-vermelha, jequitibá--do-brejo, matamatá-vermelho, taanuari, taauari, tanari, tauari, tauari-vermelho	63
Lecythis lurida	jarana, castanha-jarana, imbaíba-de-rego, inhaíba, inuíba-vermelha, jarana-da-folha-grande, jarana--da-folha-miúda	29
Lecythis pisonis	sapucaia, castanha-sapucaia, sapucaia-vermelha	81
Louro	louro-canela	35
Louro-faia	carne-de-vaca, carvalho-do-brasil, faieira	68
Louro-preto	louro, louro-canela	76
Louro-vermelho	canela-vermelha, gamela, louro, louro-canela, louro-gamela, louro-mogno, louro-rosa	53
Macacaúba	jacarandá-do-brejo, jacarandá-piranga, jandiá, macacaúba-preta, macacaúba-vermelha	32
Maçaranduba	maçarandubinha, aparaiú, paraju, maparajuba--da-várzea, maparajuba, maçaranbuba-de-leite, parajuba, balata	84

Machaerium villosum	jacarandá-paulista, jacarandá-pardo, jacarandá--pedra, jacarandá, jacarandá-amarelo, jacarandá--escuro, jacarandá-tã-do-mato, jacarandá-do-mato, jacarandá-cerradão	71
Maclura tinctoria	amoreira, amoreira-branca, amarelinho, amoreira--de-espinho, jataíba, limãorana, moreira, limorana, pau-amarelo, runa, taiuva, tajuba, tatané, taúba, tatajuba-de-espinho	31
Mandioqueira	canela-mandioca, mandioqueira-áspera, mandioqueira-lisa	20
Manilkara spp.	maçaranduba, maçarandubinha, aparaiú, paraju, maparajuba-da-várzea, maparajuba, maçaranbuba--de-leite, parajuba, balata	84
Marupá	caxeta, marupaúba, paraparaíba, pararaúba, parariúba, pau-paraíba, simaruba, tamanqueira	1
Matamatá-preto	biribá, biribí, castanheira-das-águas, estopeiro, ibibarana, morão-vermelho, sapucaia-cheirosa, tauari-preto	42
Mezilaurus itauba	itaúba-abacate, itaúba-amarela, itaúba-grande, itaúba-preta, itaúba-verdadeira, itaúba-vermelha, louro-itaúba	77
Micropholis venulosa	curupixá, abiorana-mangabinha, abiú-guajará, gogó-de-guariba, guajará, grumixá, grumixava, rosadinho	15
Mogno	acaju, aguano, araputanga, cedro-aguano, cedro--mogno, mara, mara-vermelho, mogno-brasileiro	55
Morototó	caxeta, caixeta, imbaubão, mandiocão-da-mata, mandiocão-do-mato, mandioqueira, maraupaúba--falso, mucutu	4
Muiracatiara-rajada	aderno-preto, gonçaleiro, baracatiara, maracatiara, sanguessugueira, muiraquatiara	80
Muiracatiara	muiracatiara	83

MADEIRAS BRASILEIRAS
Guia de combinação e substituição

Muirajuçara	balsinha, bucheira, guatambu, moela-de-ema, panaceia, pau-pereira, pereira, pereiro-do-campo, peroba-amarela, peroba-amarga, peroba-cetim, peroba-mico	52
Muirapiranga	amaparana, amapá-amargoso, amapá-doce, conduru, conduru-vermelho, pau-brasil, falso--pau-brasil, muirapiranga-vermelha, pau-rainha, pau-vermelho	85
Muirapixuna	coração-de-negro	89
Munguba-grande	munguba-grande-da-terra-firme, mamorana-da--terra-firme, munguba, sumaúma-da-terra-firme, sumaúma-vermelha	13
Mururé	inharé, mercúrio-vegetal, muirapiranga, muré-da--terra-firme, muriri, murué-da-terra-firme, mururé--branco	50
Myrocarpus frondosus	cabreúva-parda, bálsamo, braúna, caboré, caboreíba, caboretinga, caboriba, cabreúna, cabrué, cachaceiro, conduru-de-sangue, miroé, pau-bálsamo, óleo-pardo, quinaquina	72
Myroxylon balsamum	cabriúva-vermelha, bálsamo, cabreúva, cabriúva, óleo-balsa, óleo-de-bálsamo, óleo-pardo, óleo--vermelho, pau-de-bálsamo, quina-quina, sangue--de-gato	82
Nectandra rubra	louro-vermelho, canela-vermelha, gamela, louro, louro-canela, louro-gamela, louro-mogno, louro-rosa	53
Ocotea neesiana	louro-preto, louro, louro-canela	76
Ocotea porosa	imbuia, canela-imbuia, embuia, imbuia-amarela, imbuia-clara, imbuia-parda, imbuia-rajada, imbuia--branzina	75
Ocotea spp.	louro, louro-canela	35
Onychopetalum amazonicum	envira-preta	39

Orelha-de-macaco	angelim-rosca, fava-orelha-de-negro, faveira-de--rosca, faveira-dura, orelha-de-gato, timbaúba, timbó-da-mata, cambuí-sucupira, fava-bolota	36
Osteophloeum platyspermum	ucuubarana, arurá-branco, pajurá, ucuúba-branca, ucuúba-chorona, ucuubamirim, ucuubão	64
Parapará	carnaúba, caroba, copaia, caroba-do-mato, caroba--manacá, marupá-falso, simaruba-falsa	5
Paratecoma peroba	perobinha-do-campo, peroba-de-campos, peroba--branca, peroba-amarela, peroba-tremida, ipê--peroba, ipê-claro, ipê-rajado	45
Parkia spp.	faveira-branca, arara-tucupi, atanã, benguê, camurim, fava-bolota, fava-de-tucupi, faveira, faveira-vermelha, paricá-grande-da-terra-firme, visgueiro, visgueiro-da-terra-firme	6
Pau-amarelo	amarelão, amarelo, amarelo-cetim, cetim, limãorana, muiratanã, pau-cetim	22
Pau-brasil	ibirapitanga, orabutã, brasileto, ibirapiranga, ibirapita, ibirapitã, muirapiranga, pau-rosado, pau--de-pernambuco	86
Pau-marfim	farinha-seca, gramixinga, guataia, marfim, pau-liso, guatambu, pequiá-mamona, pequiá-mamão, pau--cetim	21
Pau-santo	angélica, cabeça-de-negro, casca-dura, coração--de-negro, ingá-de-suia, jacarandatã, mocitaíba, mocitarba, muirapenima-preta, muirapinima, pau--de-são-josé	90
Peltogyne spp.	roxinho, amarante, coraci, guarabu, coataquiçaua, escorrega-macaco, pau-mulato, pau-roxo, pau-roxo--da-terra-firme, roxinho-pororoca, violeta, guarabu	87
Pequiá	amêndoa-de-espinho, grão-de-cavalo, piqui, piquiá, pequiá-verdadeiro, pequiarana	33
Pequiarana	piquiarana, cabeleira, jiqui, pequi, pequiá, piquiarana-da-terra-firme, piquiarana-vermelha	7
Peroba-rosa	amargosa, peroba, perobão, peroba-amarela, peroba-do-sul, peroba-mirim, peroba-rajada	16

MADEIRAS BRASILEIRAS
Guia de combinação e substituição

Perobinha-do-campo	peroba-de-campos, perobinha, peroba-branca, peroba-amarela, peroba-tremida, ipê-peroba, ipê-claro, ipê-rajado	45
Pinho-do-paraná	pinho, pinho-brasileiro	3
Pinus elliottii	pinus-elioti, pinus, pinheiro, pinheiro-americano	9
Pinus-elioti	pinus, pinheiro, pinheiro-americano	9
Piptadenia suaveolens	timborana, angico, fava-folha-fina, angico-vermelho, fava-de-folha-miúda, faveira-folha-fina, paricá-grande-da-terra-firme, timbaúba	54
Platonia insignis	bacuri, bacori, bacuri-açu, bacuri-amarelo, bulandim, pacouri, pacuru	44
Platymiscium spp.	macacaúba, jacarandá-do-brejo, jacarandá-piranga, jandiá, macacaúba-preta, macacaúba-vermelha	32
Pouteria pachycarpa	goiabão, abiu-casca-grossa, abiurana, abiurana-amarela, abiurana-goiaba	26
Qualea albiflora	mandioqueira, canela-mandioca, mandioqueira-áspera, mandioqueira-lisa	20
Quaruba	cedrorana, guaruba, guaruba-cedro, quaruba-goiaba, quaruba-verdadeira, quaruba-vermelha, maubarana	14
Roupala montana	louro-faia, carne-de-vaca, carvalho-do-brasil, faieira	68
Roxinho	amarante, coraci, guarabu, coataquiçaua, escorrega-macaco, pau-mulato, pau-roxo, pau-roxo-da-terra-firme, roxinho-pororoca, violeta, guarabu	87
Sapucaia	castanha-sapucaia, sapucaia-vermelha	81
Schefflera morototoni	morototó, caxeta, caixeta, imbaubão, mandiocão-da-mata, mandiocão-do-mato, mandioqueira, maraupaúba-falso, mucutu	4
Seru	abacaíba, castanha-da-serra, castanheiro-da-serra, ceru, cheru, churu, jequitibá, ripeiro-cheru, tauari	49

Simarouba amara	marupá, caxeta, marupaúba, paraparaíba, pararaúba, parariúba, pau-paraíba, simaruba, tamanqueira	1
Sucupira	sucupira-preta, sapupira, cutiúba, macanaíba, sucupira-amarela, sucupira-da-mata, sucupira-pele-de-sapo, sucupira-vermelha	74
Sucupira-da-terra-firme	sucupira, bom-nome, cutiúba, cutiubeira, macanaíba, paricarana, sapupira, sebipira, sicupira, sucupira-amarela, sucupiraçu, sucupira-parda, sucupira-pele-de-sapo	48
Sumaúma	árvore-de-lã, ceiba, paina-lisa, paineira, sumaúma-barriguda, sumaúma-da-várzea	10
Swietenia macrophylla	mogno, acaju, aguano, araputanga, cedro-aguano, cedro-mogno, mara, mara-vermelho, mogno-brasileiro	55
Symphonia globulifera	anani, anani-da-mata, anani-da-terra-firme, bacuri, bulandi, canadi, guanandi, mani, marupá, oanani, pau-breu, pitiá-de-lagoa, pitomba-de-guariba, uanandi, vanandi	25
Tabebuia spp.	ipê-amarelo, ipê-do-cerrado, ipeúva, pau-d'arco, pau-d'arco-amarelo, peúva	78
Tachigali myrmecophila	taxi, taxi-pitomba, taxi-preto, taxi-preto-da-mata, taxi-preto-folha-grande, taxizeiro, taxizeiro-preto	23
Tamboril	fava-bolacha, fava-orelha-de-negro, faveira-tamboril, faveira-grande, monjolo, timbaúba	47
Tanimbuca	cuiarana, capitão-amarelo, cinzeiro, cuia, mirindiba	41
Tatajuba	amarelão, bagaceira, cachaceiro, garrote	28
Tauari	imbirema, tauari-amarelo, tauari-morrão, estopeiro	8
Taxi	taxi-pitomba, taxi-preto, taxi-preto-da-mata, taxi-preto-folha-grande, taxizeiro, taxizeiro-preto	23
Teca	teca	40

MADEIRAS BRASILEIRAS
Guia de combinação e substituição

Tectona grandis	teca	40
Terminalia amazonia	tanimbuca, cuiarana, capitão-amarelo, cinzeiro, cuia, mirindiba	41
Timborana	angico, fava-folha-fina, angico-vermelho, fava-de-folha-miúda, faveira-folha-fina, paricá-grande-da-terra-firme, timbaúba	54
Trattinnickia burseraefolia	amesclão, amescla, breu, breu-preto, breu-sucuruba, mangue, morcegueira, sucuruba, sucurubeira	11
Ucuubarana	arurá-branco, pajurá, ucuúba-branca, ucuúba-chorona, ucuubamirim, ucuubão	64
Uxi	axuá, cumatê, paruru, pururu, uxi-pucu, uxi-liso, uxi-verdadeiro.	61
Vatairea spp.	fava-amargosa, amargoso, angelim-amargoso, faveira, faveira-amargosa, faveira-bolacha	62
Vochysia spp.	quaruba, cedrorana, guaruba, guaruba-cedro, quaruba-goiaba, quaruba-verdadeira, quaruba-vermelha, maubarana	14
Zollernia paraensis	pau-santo, angélica, cabeça-de-negro, casca-dura, coração-de-negro, ingá-de-suia, jacarandatã, mocitaíba, mocitarba, muirapenima-preta, muirapinima, pau-de-são-josé	90

Apêndice 2

Nomes e cores de madeiras

Ficha n.	Nome comum	Nome científico	Madeira
1	Marupá	*Simarouba amara*	
2	Açacu	*Hura crepitans*	
3	Pinho-do-paraná	*Araucaria angustifolia*	
4	Morototó	*Schefflera morototoni*	
5	Parapará	*Jacaranda copaia*	
6	Faveira-branca	*Parkia* spp.	
7	Pequiarana	*Caryocar glabrum*	
8	Tauari	*Couratari* spp.	
9	Pinus elioti	*Pinus elliottii*	
10	Sumaúma	*Ceiba pentandra*	
11	Amesclão	*Trattinnickia burserifolia*	
12	Amapá	*Brosimum parinarioides*	
13	Munguba-grande	*Eriotheca longipedicellata*	

Fichas 1–9: Madeira branca
Fichas 10–13: Madeira rosa

MADEIRAS BRASILEIRAS
Guia de combinação e substituição

Madeira rosa	14	Quaruba	*Vochysia* spp.	
	15	Curupixá	*Micropholis venulosa*	
	16	Peroba-rosa	*Aspidosperma polyneuron*	
	17	Eucalipto-grandis	*Eucalyptus grandis*	
Madeira cinza	18	Cedrorana	*Cedrelinga cateniformis*	
	19	Cajuaçu	*Anacardium* spp.	
	20	Mandioqueira	*Qualea albiflora*	
Madeira amarela	21	Pau-marfim	*Balfourodendron riedelianum*	
	22	Pau-amarelo	*Euxylophora paraensis*	
	23	Taxi	*Tachigali myrmecophila*	
	24	Cerejeira	*Amburana acreana*	
	25	Anani	*Symphonia globulifera*	
	26	Goiabão	*Pouteria pachycarpa*	
	27	Araracanga	*Aspidosperma desmanthum*	
	28	Tatajuba	*Bagassa guianensis*	

Madeira castanha	29	Jarana	*Lecythis lurida*	
	30	Guariúba	*Clarisia racemosa*	
	31	Amoreira	*Maclura tinctoria*	
	32	Macacaúba	*Platymiscium* spp.	
Madeira marrom	33	Pequiá	*Caryocar villosum*	
	34	Eucalipto-saligna	*Eucalyptus saligna*	
	35	Louro	*Ocotea* spp.	
	36	Orelha-de-macaco	*Enterolobium schomburgkii*	
	37	Cedro	*Cedrela* spp.	
	38	Angelim-pedra	*Hymenolobium* spp.	
	39	Embira-preta	*Onychopetalum amazonicum*	
	40	Teca	*Tectona grandis*	
	41	Tanimbuca	*Terminalia amazonia* *Buchenavia* spp.	
	42	Matamatá-preto	*Eschweilera coriacea*	
	43	Freijó	*Cordia goeldiana*	
	44	Bacuri	*Platonia insignis*	
	45	Perobinha-do-campo	*Paratecoma peroba*	

MADEIRAS BRASILEIRAS
Guia de combinação e substituição

	46	Garapa	*Apuleia leiocarpa*	
	47	Tamboril	*Enterolobium maximum*	
	48	Sucupira-da-terra-firme	*Diplotropis purpurea*	
	49	Seru	*Allantoma lineata*	
	50	Mururé	*Brosimum acutifolium*	
	51	Cupiúba	*Goupia glabra*	
	52	Muirajuçara	*Aspidosperma macrocarpon*	
Madeira marrom	53	Louro-vermelho	*Nectandra rubra*	
	54	Timborana	*Piptadenia suaveolens*	
	55	Mogno	*Swietenia macrophylla*	
	56	Camaçari	*Caraipa densifolia*	
	57	Copaíba	*Copaifera* spp.	
	58	Castanheira	*Bertholletia excelsa*	
	59	Andiroba	*Carapa guianensis*	
	60	Jatobá	*Hymenaea courbaril*	
	61	Uxi	*Endopleura uchi*	
	62	Fava-amargosa	*Vatairea* spp.	

63	Jequitibá-rosa	*Cariniana micrantha*	
64	Ucuubarana	*Osteophloeum platyspermum*	
65	Guanandi	*Calophyllum brasiliense*	
66	Angelim-vermelho	*Dinizia excelsa*	
67	Angico-preto	*Anadenanthera macrocarpa*	
68	Louro-faia	*Roupala montana*	
69	Cedrinho	*Erisma uncinatum*	
70	Eucalipto-citriodora	*Eucalyptus citriodora*	
71	Jacarandá-paulista	*Machaerium villosum*	
72	Cabreúva-parda	*Myrocarpus frondosus*	
73	Cumaru	*Dipteryx odorata*	
74	Sucupira	*Bowdichia nitida*	
75	Imbuia	*Ocotea porosa*	
76	Louro-preto	*Ocotea neesiana*	
77	Itaúba	*Mezilaurus itauba*	
78	Ipê	*Tabebuia* spp.	

Madeira marrom: 63–75

Madeira oliva: 76–78

MADEIRAS BRASILEIRAS
Guia de combinação e substituição

Madeira vermelha	79	Aroeira	*Astronium gracile*	
	80	Muiracatiara-rajada	*Astronium lecointei*	
	81	Sapucaia	*Lecythis pisonis*	
	82	Cabriúva-vermelha	*Myroxylon balsamum*	
	83	Muiracatiara	*Astronium ulei*	
	84	Maçaranduba	*Manilkara* spp.	
	85	Muirapiranga	*Brosimum* spp.	
	86	Pau-brasil	*Caesalpinia echinata*	
Roxa	87	Roxinho	*Peltogyne* spp.	
Madeira preta	88	Jacarandá-do-pará	*Dalbergia nigra*	
	89	Muirapixuna	*Cassia scleroxylon* *Chamaecrista scleroxylon*	
	90	Pau-santo	*Zollernia paraensis*	

APÊNDICE 3

Tabela de propriedades mecânicas

Espécie	Condição	Flexão estática - Módulo de ruptura Kgf/cm²	Flexão estática - Módulo de elasticidade 1000 Kgf/cm²	Compressão - Paralela às fibras (máxima resistência) Kgf/cm²	Compressão - Perpendicular às fibras (esforço no limite proporcional) Kgf/cm²	Tração - Perpendicular às fibras (máxima resistência) Kgf/cm²	Cisalhamento - Máxima resistência Kgf/cm²	Dureza Janka - Paralela Kgf	Dureza Janka - Transversal Kgf
Açacu**** *Hura crepitans* Ficha n. 2	saturada	348	65	161	26	24	57	212	176
	12%	690	86	336	48	26	71	392	283
Amapá** *Brosimum parinarioides* Ficha n. 12	saturada	749	107	360	-	26	-	-	407
	15%	942	-	485	-	-	-	-	-
Amesclão* *Trattinnickia burseraefolia* Ficha n. 11	saturada	507	78	253	36	32	67	357	257
	12%	778	98	450	55	36	84	470	316

MADEIRAS BRASILEIRAS
Guia de combinação e substituição

Amoreira**** **Maclura tinctoria** Ficha n. 31	saturada	899	113	531	151	52	110	716	779
	12%	1565	129	878	228	54	159	1164	1082
Anani**** **Symphonia globulifera** Ficha n. 25	saturada	780	117	388	59	41	89	530	527
	12%	1114	140	625	73	33	106	680	571
Andiroba* **Carapa guianensis** Ficha n. 59	saturada	752	95	370	56	50	96	583	526
	12%	1093	120	609	90	41	111	841	640
Angelim-pedra* **Hymenolobium modestum** Ficha n. 38	saturada	931	128	441	68	41	112	620	638
	12%	1208	135	611	107	39	140	806	747
Angelim-pedra* **Hymenolobium petraeum** Ficha n. 38	saturada	720	96	388	65	43	102	543	515
	12%	1115	118	533	115	39	125	781	590
Angelim-vermelho* **Dinizia excelsa** Ficha n. 66	saturada	1220	153	615	105	53	134	1019	1108
	12%	1600	173	873	151	39	180	1460	1381
Angico-preto** **Anadenanthera macrocarpa** Ficha n. 67	saturada	1566	167	713	-	139	198	1175	-
	15%	1890	-	886	-	-	-	-	-

Araracanga* **Aspidosperma desmanthum** Ficha n. 27	saturada	937	129	480	76	52	112	708	696
	12%	1356	149	692	121	30	129	943	797
Aroeira**** **Astronium gracile** Ficha n. 79	saturada	906	138	490	77	-	113	583	685
	12%	1333	163	715	100	47	171	841	790
Bacuri** **Platonia insignis** Ficha n. 44	saturada	987	130	437	-	63	103	709	-
	15%	1115	-	504	-	-	-	-	-
Cabreúva-parda**** **Myrocarpus frondosus** Ficha n. 72	saturada	1257	138	639	112	51	148	1139	1077
	12%	1572	154	876	138	41	182	1559	1395
Cabriúva-vermelha** **Myroxylon balsamum** Ficha n. 82	saturada	1192	128	607	-	115	184	1034	-
	15%	1352	-	725	-	-	-	-	-
Cajuaçu* **Anarcadium spruceanum** Ficha n. 19	saturada	446	84	211	30	29	62	277	224
	12%	654	100	372	45	29	69	390	254
Camaçari**** **Caraipa densifolia** Ficha n. 56	saturada	806	127	367	47	38	96	506	468
	12%	1318	151	661	93	37	130	887	690

MADEIRAS BRASILEIRAS
Guia de combinação e substituição

Castanheira***** **Bertholletia excelsa** Ficha n. 58	saturada	783	103	367	59	38	79	518	528
	12%	1183	128	595	101	43	117	823	667
Cedrinho* **Erisma uncinatum** Ficha n. 69	saturada	590	87	300	33	27	61	384	324
	12%	878	106	525	61	29	89	573	399
Cedro***** **Cedrela spp.** Ficha n. 37	saturada	502	73	260	38	36	60	322	255
	12%	714	81	446	58	38	76	450	324
Cedrorana* **Cedrelinga catenaeformis** Ficha n. 18	saturada	722	125	414	33	45	68	401	364
	12%	793	131	475	37	46	73	404	386
Cerejeira***** **Amburana acreana** Ficha n. 24	saturada	544	87	257	42	28	78	331	340
	12%	785	88	695	107	31	106	520	399
Copaíba***** **Copaifera spp.** Ficha n. 57	saturada	583	114	252	33	38	76	324	289
	12%	876	123	549	59	43	93	605	379
Cumaru* **Dipteryx odorata** Ficha n. 72	saturada	1364	162	693	160	64	169	1292	1393
	12%	1764	183	987	210	49	224	1339	1601

Espécie / Ficha	Condição								
Cupiúba**** / *Goupia glabra* / Ficha n. 51	saturada	916	117	485	94	66	125	778	747
	12%	1340	149	689	148	42	148	1019	830
Curupixá* / *Micropholis venulosa* / Ficha n. 15	saturada	804	130	413	66	40	108	645	582
	12%	-	142	662	102	40	147	1018	780
Embira-preta**** / *Onychopetalum amazonicum* / Ficha n. 39	saturada	872	124	435	47	27	76	606	577
	12%	1265	140	710	64	29	104	822	695
Eucalipto-citriodora***** / *Eucalyptus citriodora* / Ficha n. 70	saturada	1140	136	521	-	103	166	893	-
	15%	1238	-	640	-	-	-	-	-
Eucalipto-grandis*** / *Eucalyptus grandis* / Ficha n. 17	saturada	579	99	268	-	-	-	274	-
	15%	771	-	429	-	-	-	-	-
Eucalipto-saligna***** / *Eucalyptus saligna* / Ficha n. 34	saturada	789	121	327	-	64	94	462	-
	15%	1036	-	502	81	-	-	-	-
Fava-amargosa* / *Vatairea paraensis* / Ficha n. 62	saturada	1219	137	559	40	40	145	695	745
	12%	1513	153	793	131	42	161	934	986

MADEIRAS BRASILEIRAS
Guia de combinação e substituição

Fava-amargosa* ***Vatairea sericea*** Ficha n. 62	saturada	1003	134	507	84	43	116	741	762
	12%	1381	152	661	114	36	141	780	805
Orelha-de-macaco* ***Enterolobium schomburgkii*** Ficha n. 36	saturada	1179	149	581	142	64v	154	884	986
	12%	1648	171	802	151	56	177	946	1064
Faveira-branca* ***Parkia multijuga*** Ficha n. 6	saturada	499	72	230	37	37	66	329	289
	12%	618	88	377	57	39	82	409	303
Faveira-branca* ***Parkia paraensis*** Ficha n. 6	saturada	520	104	236	30	32	78	312	256
	12%	750	117	394	47	35	98	399	337
Freijó**** ***Cordia goeldiana*** Ficha n. 23	saturada	650	85	328	34	35	68	418	360
	12%	932	104	517	62	31	85	608	452
Garapa**** ***Apuleia leiocarpa*** Ficha n. 46	saturada	922	116	432	135	48	112	638	720
	12%	1272	129	644	158	56	131	745	845
Goiabão* ***Pouteria pachycarpa*** Ficha n. 26	saturada	1009	131	460	72	46	102	828	744
	12%	1586	167	755	118	59	185	1552	1307

Guanandi**** *Calophyllum brasiliense* Ficha n. 65	saturada	559	69	285	55	44	73	455	364
	12%	894	87	543	97	46	108	802	578
Guariúba* *Clarisia racemosa* Ficha n. 30	saturada	844	110	446	73	42	109	614	530
	12%	1110	124	658	95	29	119	799	624
Imbuia** *Ocotea porosa* Ficha n. 74	saturada	784	79	326	-	68	98	436	-
	15%	934	-	450	-	-	-	-	-
Ipê* *Tabebuia serratifolia* Ficha n. 78	saturada	1576	143	800	183	-	163	1155	1265
	12%	2046	169	1021	251	-	169	1665	1471
Itaúba**** *Mezilaurus itauba* Ficha n. 77	saturada	873	106	421	95	55	100	545	588
	12%	1144	123	583	110	47	103	550	591
Jacarandá-do-pará** *Dalbergia nigra* Ficha n. 88	saturada	1141	120	457	-	96	139	790	-
	15%	1383	-	644	-	-	-	-	-
Jacarandá-paulista** *Machaerium villosum* Ficha n. 71	saturada	1001	111	398	-	107	135	810	-
	15%	1196	-	561	-	-	-	-	-

MADEIRAS BRASILEIRAS
Guia de combinação e substituição

Jarana***** *Lecythis lurida* Ficha n. 29	saturada	1065	139	414	-	90	115	677	-
	15%	1656	-	772	-	-	-	-	-
Jatobá* *Hymenaea courbaril* Ficha n. 60	saturada	1093	146	559	101	69	148	902	965
	12%	1399	159	773	141	68	194	1253	1116
Jequitibá-rosa**** *Cariniana micrantha* Ficha n. 63	saturada	-	-	319	-	-	-	-	-
	12%	1104	128	512	74	52	113	467	440
Louro**** *Ocotea sp.* Ficha n. 35	saturada	779	122	433	-	-	-	-	-
	12%	1292	140	632	123	-	-	567	551
Louro-faia* *Roupala montana* Ficha n. 68	saturada	994	148	496	87	61	109	805	839
	12%	1614	173	846	112	63	157	976	984
Louro-preto* *Ocotea neesiana* Ficha n. 76	saturada	716	106	368	46	59	103	400	351
	12%	1101	121	612	73	56	127	503	458
Louro-vermelho* *Nectandra rubra* Ficha n. 53	saturada	620	89	309	47	35	69	311	326
	12%	794	109	509	49	30	75	342	343

Macacaúba***** *Platymiscium spp.* Ficha n. 32	saturada	1731	193	857	-	86	170	1205	-
	15%	-	-	-	-	-	-	-	-
Maçaranduba* *Manilkara amazonica* Ficha n. 84	saturada	1081	126	539	127	60	129	669	781
	12%	1307	138	648	155	57	163	887	928
Mandioqueira* *Qualea albiflora* Ficha n. 20	saturada	674	111	404	45	38	96	539	447
	12%	1095	131	584	79	45	133	846	613
Marupá* *Simarouba amara* Ficha n. 1	saturada	445	67	199	29	37	61	167	123
	12%	653	74	337	45	28	71	276	143
Matamatá-preto***** *Eschweilera coriacea* Ficha n. 42	saturada	1029	132	433	103	40	95	757	854
	12%	1401	156	693	130	39	146	1240	1136
Mogno** *Swietenia macrophylla* Ficha n. 55	saturada	821	93	396	-	61	111	504	-
	15%	924	-	547	-	-	-	-	-
Morototó* *Schefflera morototoni* Ficha n. 4	saturada	401	90	175	20	29	64	262	197
	12%	725	113	405	46	39	106	489	358

MADEIRAS BRASILEIRAS
Guia de combinação e substituição

Muiracatiara-rajada* ***Astronium lecointei*** Ficha n. 80	saturada	1042	132	523	99	53	137	801	906
	12%	1391	153	840	141	55	171	891	978
Muiracatiara**** ***Astronium ulei*** Ficha n. 83	saturada	892	132	459	61	44	147	649	706
	12%	1175	137	705	139	55	171	830	764
Muirajuçara**** ***Aspidosperma macrocarpon*** Ficha n. 52	saturada	986	136	522	92	37	122	729	611
	12%	1390	141	664	123	33	151	1078	840
Muirapiranga* ***Brosimum rubescens*** Ficha n. 85	saturada	1063	130	528	119	41	114	779	716
	12%	1394	149	727	125	42	137	1070	918
Muirapixuna**** ***Cassia scleroxylon*** Ficha n. 89	saturada	1305	148	771	235	38	169	1079	1243
	12%	1844	167	982	232	33	203	1483	1558
Munguba-grande* ***Eriotheca longipedicellata*** Ficha n. 13	saturada	488	80	228	34	22	53	295	272
	12%	895	106	486	60	36	83	630	469
Mururé**** ***Brosimum acutifolium*** Ficha n. 50	saturada	937	111	438	72	39	108	706	718
	12%	1402	145	785	150	42	163	1463	1377

Parapará* *Jacaranda copaia* Ficha n. 5	saturada	346	71	157	15	17	40	203	140
	12%	562	89	313	31	29	61	336	192
Pau-amarelo* *Euxylophora paraensis* Ficha n. 22	saturada	998	124	472	98	46	126	780	800
	12%	1294	140	708	122	42	181	1268	1121
Pau-brasil****** *Caesalpinia echinata* Ficha n. 86	saturada	-	-	-	-	-	-	-	-
	12%	1834	159	1091	-	-	-	-	-
Pau-marfim** *Balfourodendron riedelianum* Ficha n. 21	saturada	1068	117	445	-	101	133	697	-
	15%	1399	-	601	-	-	-	-	-
Pau-santo**** *Zollernia paraensis* Ficha n. 90	saturada	1487	163	688	142	47	146	1193	1336
	12%	1915	182	974	275	47	188	1490	1479
Pequiá* *Caryocar villosum* Ficha n. 33	saturada	743	100	322	91	55	103	372	392
	12%	1018	114	474	95	56	124	496	514
Pequiarana**** *Caryocar glabrum* Ficha n. 7	saturada	804	132	336	67	40	103	553	597
	15%	806	141	598	86	58	157	817	745

MADEIRAS BRASILEIRAS
Guia de combinação e substituição

Peroba-rosa** **Aspidosperma polyneuron** Ficha n. 16	saturada	899	94	424	-	83	121	691	-
	15%	1058	-	555	-	-	-	-	-
Perobinha-do-campo***** **Paratecoma peroba** Ficha n. 45	saturada	990	105	459	-	74	119	652	-
	15%	1186	-	550	-	-	-	-	-
Pinho-do-paranã** **Araucaria angustifolia** Ficha n. 3	saturada	609	109	268	-	35	68	274	-
	15%	873	-	422	-	-	-	-	-
Pinus-elioti*** **Pinus elliottii** Ficha n. 9	saturada	-	66	-	-	-	-	197	-
	15%	710	-	321	-	-	-	-	-
Quaruba* **Vochysia maxima** Ficha n. 14	saturada	617	95	300	49	38	86	442	434
	12%	930	114	485	58	35	102	560	481
Roxinho* **Peltogyne paniculata** Ficha n. 87	saturada	1317	157	694	207	44	145	1199	1331
	12%	1908	181	923	203	29	185	1650	1536
Sapucaia* **Lecythis pisonis** Ficha n. 81	saturada	1141	147	546	119	53	149	916	1096
	12%	1529	151	716	152	43	175	1325	1284

Seru**** *Allantoma lineata* Ficha n. 49	saturada	661	102	289	54	34	81	423	443
	12%	1171	130	591	115	31	-	504	523
Sucupira* *Bowdichia nitida* Ficha n. 73	saturada	1369	164	746	101	64	149	1203	1266
	12%	1857	183	941	162	42	194	1514	1550
Sucupira-da-terra-firme**** *Diplotropis purpúrea* Ficha n. 48	saturada	1135	168	568	102	35	132	794	782
	12%	1463	167	961	127	60	166	1006	846
Sumaúma* *Ceiba pentandra* Ficha n. 10	saturada	269	43	128	16	18	30	149	133
	12%	299	45	242	19	19	38	236	154
Tamboril* *Enterolobium maximum* Ficha n. 47	saturada	442	73	202	26	27	72	311	275
	12%	498	78	384	42	23	90	393	288
Tanimbuca**** *Terminalia amazonia* Ficha n. 41	saturada	1068	117	518	126	52	119	902	928
	12%	1489	143	795	143	53	142	1166	1014
Tatajuba* *Bagassa guianensis* Ficha n. 28	saturada	1067	115	572	105	74	120	830	703
	12%	2269	118	801	139	53	128	1007	753

MADEIRAS BRASILEIRAS
Guia de combinação e substituição

Tauari* *Couratari guianensis* Ficha n. 8	saturada	685	94	324	58	52	83	481	429
	12%	1061	117	550	79	42	104	665	516
Tauari* *Couratari oblongifolia* Ficha n. 8	saturada	589	95	277	46	33	69	380	356
	12%	905	108	477	62	37	87	547	380
Taxi* *Tachigali myrmecophila* Ficha n. 23	saturada	822	115	402	53	48	114	598	588
	12%	1332	132	586	90	38	144	877	803
Teca***** *Tectona grandis* Ficha n. 40	saturada	-	95	-	-	-	-	571	-
	15%	938	-	479	-	-	-	-	-
Timborana* *Piptadenia suaveolens* Ficha n. 54	saturada	1079	134	541	89	46	139	739	835
	12%	1498	157	798	142	54	162	898	979
Ucuubarana**** *Osteophloeum platyspermum* Ficha n. 64	saturada	577	110	272	37	38	75	321	302
	12%	898	126	469	51	36	92	444	350
Uxi* *Endopleura uchi* Ficha n. 61	saturada	1163	146	556	80	55	139	954	912
	12%	1567	156	763	133	63	191	1337	1059

Fonte: * IBAMA (2002)/ ** Maineri e Chimelo (1989) / *** SCTDE (1997) / **** IBAMA e LPF (2012) / ***** IPT (2012) / ****** França *et al.* (2012).

Apêndice 4

Chave de identificação das madeiras

O quadro a seguir mostra o agrupamento das madeiras a partir dos elementos celulares, especificamente, o tipo de parênquima axial, uma característica essencial para a identificação das espécies. Em biologia, faz-se necessário um sistema de referência que pode ser aplicado a partir da técnica denominada "chave de identificação", que tem por objetivo auxiliar o reconhecimento de um grupo de espécimes. Pode acontecer de uma amostra diferente da mesma madeira apresentar tipos distintos de parênquima.

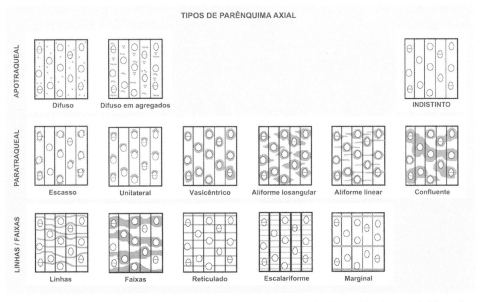

Figura A4.1 – Tipos de parênquima axial. Fonte: adaptada de Zenid e Ceccantini (2012).

MADEIRAS BRASILEIRAS
Guia de combinação e substituição

Quadro A4.1 – Parênquima axial de cada espécie e sua numeração no mostruário de fichas

Tipo de parênquima axial	Espécie	Ficha n.
1. Parênquima exclusivamente em faixas marginais: *Marginal*	Pau-marfim	21
	Cedro	37
	Mogno	55
	Copaíba	57
	Andiroba	59
	Ucuubarana	64
2. Parênquima em faixas marginais, intercaladas por zona de parênquima aliforme ou vasicêntrico: *Marginal, Aliforme losangular, Aliforme linear, Vasicêntrico, Escasso*	Faveira-branca	6
	Teca	40
	Copaíba	57
	Andiroba	59
	Jatobá	60
	Pau-brasil	86
3. Parênquima em faixas ou linhas aproximadas envolvendo ou ligando os vasos: *Faixas, Linhas*	Goiabão	26
	Jarana	29
	Angelim-pedra	38
	Bacuri	44
	Cedrinho	69
	Muiracatiara	83
	Maçaranduba	84
	Muirapixuna	89

A) Madeiras com vasos (poros) e com parênquima axial distinto sob lente (x10)

		Tauari	8
A) Madeiras com vasos (poros) e com parênquima axial <u>distinto</u> sob lente (x10)	4. Parênquima em linhas aproximadas, regularmente espaçadas (reticulado ou escalariforme): Linhas — Reticulado — Escalariforme	Embira-preta	39
		Matamatá-preto	42
		Seru	49
		Castanheira	58
		Jequitibá-rosa	63
		Louro-faia	68
		Sapucaia	81
		Pau-santo	90
	5. Parênquima em faixas ou linhas múltiplas, contínuas, nem sempre regulares, alternadas por zonas de parênquima aliforme: Faixas — Linhas — Aliforme losangular Aliforme linear	Mururé	50
		Jacarandá-paulista	71
		Jacarandá-da-Bahia	88
		Muirapixuna	89

A) Madeiras com vasos (poros) e com parênquima axial distinto sob lente (x10)

6. Parênquima aliforme:

Aliforme losangular   Aliforme linear

Marupá	1
Amapá	12
Quaruba	14
Cedrorana	18
Mandioqueira	20
Cerejeira	24
Macacaúba	32
Orelha-de-macaco	36
Tanimbuca	41
Tamboril	47
Sucupira-da-terra-firme	48
Angelim-vermelho	66
Eucalipto-citriodora	70
Cabreúva-parda	72
Cumaru	73
Sucupira	74
Muirapiranga	85
Roxinho	87

A) Madeiras com vasos (poros) e com parênquima axial distinto sob lente (x10)

7. Parênquima vasicêntrico, paratraqueal escasso ou unilateral:

Vasicêntrico   Escasso   Unilateral

Munguba-grande	13
Eucalipto-grandis	17
Cedrorana	18
Taxi	23
Araracanga	27
Tatajuba	28
Freijó	43
Tamboril	47
Louro-vermelho	53
Timborana	54
Camaçari	56
Guanandi	65
Angico-preto	67
Eucalipto-citriodora	70
Cabreúva-parda	72
Itaúba	77
Ipê	78
Cabriúva-vermelha	82
Pau-brasil	86

MADEIRAS BRASILEIRAS
Guia de combinação e substituição

A) Madeiras com vasos (poros) e com parênquima axial distinto sob lente (x10)	8. Parênquima confluente em trechos curtos, oblíquos, associando alguns vasos: (Confluente)	Marupá	1
		Quaruba	14
		Mandioqueira	20
		Cerejeira	24
		Angelim-pedra	38
		Tanimbuca	41
		Freijó	43
		Tamboril	47
		Fava-amargosa	62
		Cabreúva-parda	72
		Cumaru	73
		Sucupira	74
		Pau-brasil	86
		Roxinho	87
	9. Parênquima confluente em trechos longos, irregulares, associando vários vasos, tendendo a formar faixas concêntricas: (Confluente / Faixas)	Marupá	1
		Quaruba	14
		Anani	25
		Guariúba	30
		Amoreira	31
		Angelim-pedra	38
		Garapa	46
		Ipê	78
	10. Parênquima difuso: (Difuso / Difuso em agregados)	Açacu	2
		Parapará	5
		Pequiarana	7
		Sumaúma	10
		Munguba-grande	13
		Cajuaçu	19
		Pequiá	33
		Cupiúba	51
		Andiroba	59
		Guanandi	65

	Morototó	4
	Amesclão	11
	Curupixá	15
	Perobra-rosa	16
	Eucalipto-grandis	17
	Pau-amarelo	22
	Taxi	23
	Araracanga	27
	Tatajuba	28
	Eucalipto-saligna	34
B) Madeiras com vasos (poros) e com parênquima axial <u>indistinto</u> sob lente (x10):	Louro	35
	Tanimbuca	41
	Freijó	43
	Perobinha-do-campo	45
INDISTINTO	Cupiúba	51
	Muirajuçara	52
	Louro-vermelho	53
	Uxi	61
	Angico-preto	67
	Imbuia	75
	Louro-preto	76
	Ipê	78
	Aroeira	79
	Muiracatiara-rajada	80
	Cabriúva-vermelha	82
	Muiracatiara	83
C) Madeiras sem vasos (poros) e ausentes de parênquima axial	Pinho-do-paraná	3
	Pinus-elioti	9

Fonte: adaptada de Zenid e Ceccantini (2012).